你走的弯路，
每一步都算数

李娜——

著

中国青年出版社

（京）新登字 083 号

图书在版编目 (CIP) 数据

你走的弯路，每一步都算数 / 李娜 著 .
－－ 北京：中国青年出版社，2017.8
ISBN 978-7-5153-4834-6

Ⅰ . ①你… Ⅱ . ①李… Ⅲ . ①人生哲学－通俗读物 Ⅳ . ① B821-49
中国版本图书馆 CIP 数据核字 (2017) 第 175224 号

你走的弯路，每一步都算数

作　　者：李　娜
责任编辑：段　琼
内文插图：刘晓逸
装帧设计：大左左

出版发行：中国青年出版社
社　　址：北京东四 12 条 21 号
邮　　编：100708
网　　址：www.cyp.com.cn
编辑中心：010-57350520
营销中心：010-57350370
印　　装：鸿博昊天科技有限公司
经　　销：新华书店
规　　格：710×1000　1/32
印　　张：9
字　　数：135 千字
版　　次：2017 年 8 月北京第 1 版
印　　次：2017 年 10 月北京第 2 次印刷
定　　价：38.00 元

本图书如有印装质量问题，请凭购书发票与质检部联系调换　联系电话：（010）57350337

第一章

CHAPTER

1

你想逃离现在的生活吗?

第二章
CHAPTER
2

无论如何，别浪费你的人生

第三章
CHAPTER
3

那些独自用力的时刻

第四章
CHAPTER
4

放下忧虑，让生活扑面而来

第五章

CHAPTER

5

请活成你自己，而不是任何人

第六章
CHAPTER
6

爱情里最好的状态是舒服

你想逃离现在的生活吗？

第一章
CHAPTER
1

年轻人需要穿越的困境

21 岁那年我大学毕业，被分到江苏油田的一个物探院工作。说起来是六朝古都南京，单位却在郊外的化工厂区，隔壁是烷基苯厂，空气里弥漫着浓郁的硫酸味道。单位门口一条破旧的马路，公交站牌锈迹斑斑，永远只有一趟进城的公交车，让你等到天荒地老。

在接受完简单的入职培训后，我们每个人领到 5000 元安家费。那是我人生第一次有这么一大笔钱，诚惶诚恐地全部存到了银行。我们分配的宿舍是两人一间，空荡荡的房间一览无余，只有瓷砖地板反射着清冷耀眼的白光。

我们到附近的一条巷子里，找到卖廉价家具的地方，每人花 240 元买了张床，然后又买了简易衣柜，回到宿舍里跪在地上自己组装。

第二年我开始准备研究生入学考试，刚好赶上工作开展得如火如荼。那时候我做项目，参加院里各种汇报、演讲，还鬼使神差地去参加集团的英语演讲比赛，拿了奖。后来，又代表院里去

你走的弯路
每一步都算数

参加质量控制小组项目的评比，获了奖，还要到省里去参加比赛。看起来工作做得风生水起，在人群里我常常是充满正能量的"煽动者"，可是我却在当时的日记里面写道："人生不会再有这样的低谷了吧？"

加完班的夜里，我常常跟同事们去吃夜宵。那时候，想要离开的念头那么强烈，而可以复习功课的时间又少得可怜。当时在心里激励我的故事，竟然是出使西域的那个张骞。不管经历怎样的磨难，哪怕被匈奴抓去娶妻生子，他始终没有忘记自己的初衷。我亦没有告诉过别人，那些独自用力的时刻，心中的鼓点与秘密。

2009 年的 1 月份，我考完最后一科，坐飞机从北京回南京，在飞机将要起飞的那一刻，我第一次为独自走过的这段路落了泪。后来 3 月份成绩公布，我考了专业第八名，复试之后晋升为第六名，拿到了奖学金。辞职的时候，领导跟我说："你这么优秀，工作做得好，考研也考那么好，即使你不走，我们也会送你去读研究生。"

我很愧疚，其实我没有什么学术梦，只不过是一场逃避罢了。

念研究生的时候，我发现自己对专业没有兴趣，就跟朋友一起开网店。我们把不多的生活费投到兼职的小店里面，为拍产品的照片买了单反相机，为赶上新时间彻夜修图。我们找不到可以给衣服拍模特照的地方，就跑到同学租的房子里拍。那时候，我做梦都想拥有一堵白色的墙，可以用来拍照。

我常常周末 5 点多起床，坐 919 路公交车走八达岭高速到积水潭，再坐地铁 2 号线到动物园批发市场进货。为了精确控制成本，再累也不舍得花打车的钱。混迹在一群天南海北来进货的生意人里，我一张懵懂的学生脸受尽供货商的欺诈。

可是我们的店竟然活了下来，而且慢慢开始盈利。后来，昌平的每一家快递公司都知道石油大学有一个李老板和一个周老板，为了挖我的订单，几家快递公司老板轮番请我吃饭。

2012 年，研究生毕业的我留在了北京。因为专业的就业面太窄，我又进了体制内，央企，看起来更加光鲜——所在的部门直接服务高层领导，为总部决策做技术支撑。

26 岁的我踩着高跟鞋飞奔在各个会议之间，还是那个为了工作可以放弃一切娱乐，飞檐走壁的女生。我曾经通宵加班，只为了可以在项目的培训上讲好属于我的 40 分钟。

29 岁，我结了婚，也买了房子，工作稳定，爱情甜蜜。每天跟先生一起开车上班，周末去北京周边自驾游，长假买两张机票飞到向往的城市去旅行，生活看起来美妙得像天堂。可是我隐隐觉得有什么地方不对劲，心里总有个声音，在夜深的时候无比清晰——难道我的人生就这样了吗？我真的喜欢这样的生活吗？

如果说还有什么遗憾、有什么东西灼烧着我，大概就是那个叫"梦想"的怪物——它像个不定时炸弹，在我觉得一切完美无缺的时候，狠狠地刺痛着我，让我忍不住流泪。因为我的梦想，是成为一个作家啊，它曾经被我压抑，因为"爱好不能当饭吃""作家都很辛苦也很清贫""搞文学没有什么前途"。我知道我热爱写作，可是我不敢去触碰，我怕梦一碰就碎了。

可是 30 岁这年，我辞职了。

离开了石油行业，离开央企，成为一名自由职业者，靠写作为生。是的，这太疯狂了，可是我知道，我非这样做不可，我怕再晚就来不及了。

因为我尝试过放弃梦想，去走一条世俗认可的道路，努力活成了"别人家的孩子"，也许我很成功，但是我不快乐。后来经历过一些起伏变迁，享受过荣耀和失落，我终于明白，只有做自己真正喜欢的事情，才会快乐，因为那里有光。而追随心中的光，其实任何困境都可以被穿越，尤其需要穿越的，是内心的恐惧与不确定性。

年轻的时候，我们确实非常恐惧，做一个决定，要听取许多前辈的建议，反复斟酌犹疑，生怕没有选到性价比最高的那条人生路。

可是我看到所谓的科研院所里那些年纪轻轻却失去光芒的面孔，过了 25 岁就被父母以及舆论逼婚的姑娘，为一套房子放弃梦想愁眉不展的年轻男生，只因为有了车房就自以为可以泡到任何姑娘的自大者。

与此同时，我也在旅行的路上和偶尔的聚会里面，看到过一些眼眸闪亮的人——

有为了体验南美洲的风土人情，大学毕业去 gap year 打工旅行的姑娘；有因为喜欢一个地方，跟男朋友一起放弃大都市的光鲜繁华，隐居到丝绸之路的敦煌开一间青年旅舍的姑娘；有辞掉大城市的工作，跑到大理客居一年，仅仅为了体验生活与写作的人；有大学毕业之后选择了最偏僻的乡村支教的孩子。还有更多我不知道的人，在做着有意义但看似没有性价比的事，重要的是，在他们的眼眸里，那种闪亮的光芒永远没有黯淡下去。

所以我在想，什么是成功的人生，什么又是失败？年轻的时候，我们敢于面对内心的困境吗？如果感到生活不如意，我们有勇气改变吗？我们困惑的、害怕的，到底又是什么呢？

现在我放弃了过去 30 年的积累，把自己的人生打碎重塑，做着自己无比热爱的事，才发现其实困住我们的，不是外界的环境或者别人的看法，而是我们自己内心的恐惧。

如果发现婚姻或者职业没有了回头路，那不妨掉转一个方向，找到那个令你热血沸腾的人或事，你知道，真正的动力永远来自内心的沸腾，而找到真正热爱的，才会联结到生命最高层次的能量。所谓的安全感，不是一个爱人、一栋房子，而是你明白不管今后遭遇怎样的人生际遇，你都可以温暖而充满力量地去面对它。

所以当年轻人同我诉说他们的迷茫时，我的回答是去找到你的梦想，千方百计实现它。如果暂时没有发现自己的兴趣所在，那就要么去读书，要么去赚钱。读书会启迪人的智慧，赚钱的好处是，当你有了对财富越来越高的控制感，你的人生方向也就会越来越清晰。

永远不要被年龄、一套房子、舆论的压力或者内心的恐惧困住。穿越那些困境，去走你真正想走的未来路。

怎样才能活到点子上？

因为写作的关系，常常收到一些读者朋友的来信，询问我怎样才能活得不那么纠结和迷茫。

姗姗是个大二的学生，她描述自己的生活是"学校、宿舍、食堂三点一线"，每天下了课不知道该做些什么，对所学的会计专业没有太大热情，对社团活动也提不起兴趣，看着时间白白流逝，自己却没有目标，没有动力，觉得特别焦虑。

安雅大学毕业两年了，在北京的一家广告公司上班。工作的新鲜感和热情消失殆尽，每天做着重复的内容，下了班回到空荡荡的出租屋，也感觉特别茫然。虽然上班的心情很沉重，但是到了放假，却也没有特别想做的事，看着其他同事朋友计划着旅行，或者筹备着结婚，她好像也没有兴趣，和男朋友的关系也是不温不火。一度她怀疑自己是不是抑郁了，不喜欢当下的生活，也不知道未来在哪里。

焦虑和迷茫，简直已经成为当下年轻人的通病了。他们按照

你走的弯路
每一步都算数

父母的期待考上了理想的大学，找到了心仪的工作，却忽然不知道自己是谁，甚至怀疑眼下的生活到底有何意义。

我自己在上大学的时候，以及工作的前两年，又何尝不是一样的迷茫和困惑？那种感觉，就是有浑身的力气却不知道该往哪儿使；想努力让自己变得更好，可找不到清晰的目标。好像徘徊在茫茫荒原，到处都是路，却又看不到任何一条路的尽头。

我们羡慕那些"活到点子上"的人，年纪轻轻就有了清晰的目标和终生奋斗的方向，专注做自己喜欢的事，陪伴着最爱的人。他们是怎么做到的呢？为什么有的人能"活到点子上"，总是充满能量和幸福感，而有的人总是纠结和迷茫？

我觉得总结起来不外乎以下三个要素：

1. 有一件你发自内心热爱的事，并且这个事情能够给你带来收入。

2. 有一个志同道合的伴侣，你们之间有爱和理解，有很深的链接感，能够相伴终生。

3. 对于生活有自己的目标和规划，不和别人比较，不患得患失。

这三个要素都做到，基本上就是"活到点子上"了，生活说白了其实是个挺简单的事儿，不过是自我实现和情感需求。

怎样找到一件发自内心热爱的事？我的建议是多尝试，不要害怕走弯路。一切的空想，都不如立即行动起来，一旦发现错了，可以及时调整方向。

20岁本来就是应该探索和试错的，从大一开始你就可以多去参加社团活动，去找实习，认识不同的人，尝试做不同的事情。不要被你的专业限制住，也不必过多考虑这个事情有没有用，只要做就对了。没有人一开始就知道自己喜欢什么，擅长什么，都是在不断地尝试过程中有所感悟，然后再去调整的。

我有一个大学同学很喜欢做生意，她在大学的时候就在学校论坛上卖跳舞毯，卖韩国的小饰品，虽然毕业之后还是去石油系统工作了几年，不过很快有了第一笔资金之后她就辞职了。后来做韩国护肤品的批发生意做得风生水起，为了接货方便还特意把家搬到了港口城市。这个女孩今年30岁了，看起来和20岁的时候几乎没有变化，还是那么活泼、眼神明亮，她的工作就是去韩国买买买，做喜欢的工作就等于又赚钱又赚到快乐。

还有一个姐姐，她大学学的是数学，因为喜欢写作，所以毕业之后去文学网站工作，然后又换到公关行业，在知名公司做了几年之后，又辞职去美国留学。她的整个20多岁都在不停地折腾，快30岁的时候回国到北京创业。今年36岁的她看起来就是个傲娇的少女，因为一直在追随着自己的心做着喜欢的事，所以她看起来总是那么神采飞扬。

没有一蹴而就的事情，只要你愿意去尝试和探索，也许答案就慢慢浮现了呢。

至于怎么找到一个志同道合的伴侣，我觉得，首先你要弄明白自己。我是谁？我对婚姻生活的期待是怎样的？这样才能真正明白什么样的伴侣适合自己。然后听从内心的召唤，双方的感情一定要建立在情投意合、有相近的价值观基础上，不能为了结婚而结婚。关于婚姻，杨绛先生说过一段话——

> 在物质至上的时代潮流下，想提醒年轻的朋友，男女结合最最重要的是感情，双方互相理解的程度，理解深才能互相欣赏吸引、支持和鼓励，两情相悦。我以为，夫妻间最重要的是朋友关系，即使不能做知心的朋友，也该是能做得伴侣的朋友或互相尊重的伴侣。门当户对及其他，并不重要。

特别年轻的时候，大部分女孩子都挺虚荣的，加上父母以及外界的价值观的影响，不少姑娘把婚姻作为一种目标——想找个高富帅，即使不是高富帅，也要各个方面都比自己强，最好还能无条件迁就自己的。

但是事实是，如果两个人没有共同的价值观和人生目标，那么其他的一切都是浮云，因为价值观这种看似宏大的命题，其实会渗透到你生活的每一个细微之处。所以我很赞同在婚姻这件事上，选择比努力重要。

婚前多挑选，认清自己，也想明白要找什么样的人，当你自己真正有信心走进婚姻的时候再结婚，这样婚后就会少后悔。

有人说过，这世上的快乐分三种，一种是竞争的快乐，一种是比较的快乐，另一种是发自内心的快乐。前两种快乐都是有条件的，建立在我比别人强的基础上，只有最后一种快乐是来源于内心，是无条件的快乐。

一个活在点子上的人，真正明白自己是谁，想要干什么，对生活有清晰的目标和规划，就不会和别人比较，烦恼也会少很多。因为他的时间都在专注于努力实现自己的目标，而不是看别人在干嘛，怎么评价自己。

比如我有一个朋友是北京人，大学毕业的时候放弃北京很好的工作机会，和女朋友一起去了大理开青年旅舍。我们这些外地人都拼命挤破脑袋进央企拿户口，但是他们连北京户口都放弃了，这在当时是很多人不能理解的。但是我特别理解和佩服他，因为他活得特别明白，知道自己要什么，也不在意外界的评价。后来他们过得当然特别开心，因为是按照自己的心怀意念，去过自己想要的生活。

不与他人比较，不患得患失，要做到这一点很难，因为我们从小就活在"别人家的孩子"阴影之下；长大后不管是工作、结婚还是买房，都在暗暗和人比较。做到不与他人比较，最重要的是建立内在价值体系，即自己的行为准则，遵照自己内在的价值体系，而不是由外界的评价来决定。

总而言之，"活到点子上"其实就是这样的一种感觉：我的行为和内心是统一的，而不是分裂的。每天都没有白活，幸福感很高，心灵特别充实快乐，如果人生重来一次，还是会这么活。

　　愿我们都能找到最适合自己的生活方式，活到点子上，度过一个我们喜欢的，并且有意义的人生。

你想逃离现在的生活吗？

看到一个故事觉得很有趣：

纽约有一名公交车司机，他的工作就是每天看着人们上上下下，看着他们往钱箱里扔 5 美分、1 美元的硬币。他每天重复着同样的路线，没有变化的站台，到了 1947 年，他已经这么平淡无奇地生活了 20 年。

某一天早上，这位公交车司机终于爆发，那次本来该右转去站台接人，他却左转开上了华盛顿大桥，开始了一次说走就走的旅行。三天里，他去了不少地方，包括白宫，最后在距离纽约、距离他烦恼生活的 1300 英里的地方被警察抓回。

回到纽约，出乎意料的事情发生了。这位任性的公交车司机，受到纽约人民的夹道欢迎。

纽约的媒体这样报道："今天，全美国成千上万的工人和劳动者，在继续他们单调乏味的工作时，心里稍微多了一点轻松的感觉。这位名叫威廉·西米洛的司机，成功逃脱了他单调乏味的生活。"

你的生活单调乏味吗？你想逃离现在的生活吗？

我想起两年前，看完电影《心花路放》，很多人嚷嚷着去大理。主题曲《去大理》的歌词非常撩人：是不是对生活不太满意，很久没有笑过又不知为何，既然不快乐又不喜欢这里，不如一路向西去大理……

那一年的年末，我真的买了一张机票去昆明，然后从昆明坐火车，一路向西去了大理。

一个人，没有旅伴，背着绿色的登山包，穿着冲锋衣，手里拿着一本书，在城市里旅行。大理的风那么温柔，我从寒风呼啸的北京，到了四季如春的大理，一下子就醉了。

下了火车，跟随着人群晃到公交车站，坐上脏兮兮的座位，慢腾腾地晃到古城。预订的青年旅舍在一个巷子深处，路两旁的冬樱花开得茂盛。

夜晚的古城，酒吧里到处是撩人的情歌，大家互相拍拍肩膀就是朋友。我们一群人在著名的 BAD MONKEY 点了啤酒，等待现场演唱。那个主唱是个挺漂亮的姑娘，短头发，郁郁寡欢，疏离的气质。好像随时都可以有故事发生，下一个路口就有奇妙的际遇。

后来我又去了双廊，在洱海边跨年，看到绚烂的烟火，看到来往如织的游人，看到安居于这个小镇一角，开一家小店，平静生活的人们。

也许每一种生活都是深渊。你逃离的，正是他人向往的；你向往的，又是多少人感觉乏味，心心念念想要离开的地方。

那次一个人在云南晃了十多天后，我终于觉得累了，一种孤独无依的感觉向我袭来。在丽江古城，住的青年旅舍有个很大的院子，每天傍晚都有人弹吉他唱着情歌，我从刚开始的感动、兴奋，到后来默默流下眼泪。那个清晨匆匆收拾行李，拦了辆出租车，飞快地奔向机场，我想回家了。

我们为什么想逃离现在的生活？

加拿大作家爱丽丝·门罗有一本小说集《逃离》曾获得2013年的诺贝尔文学奖。8个故事，讲述的都是主人公拼尽全力逃离当下的生活，奔赴未知的远方。带着无限的犹豫、无奈、怅惘和迷惑。

他们逃离的是什么呢？
是家庭，是两性，是自我。

逃离是痛苦的，可出走的半途中发现能"拯救"自己的依然是自己逃离的地方，更令人沮丧。

多年前我曾工作的单位里有一个姑娘，考研考了三四年，每次都差那么几分，与录取通知书失之交臂。很多人劝她，别折腾了，当务之急是找个好男人嫁了，毕竟她也已经20六七岁了。

姑娘不甘心，暗下决心再拼一次，就一次，如果再考不上，就算了。结果那次破釜沉舟真的赢了，她如愿考上了研究生，可以名正言顺地辞职离开单位了。

27岁去学校报到，站在一群20岁出头的叽叽喳喳的男生女生中间，她觉得自己有点老了。仓皇中度过三年校园时光，她始终独来独往，给母亲打电话，那头总问她终身大事有无解决，唯剩沉默和叹息。

三年之后，行业形势江河日下，博士都很难留京了，何况区区硕士。她又回到油田上班，回到她无比厌倦的，一心只想逃离的环境。30岁了，作为新员工参加入职培训，有点滑稽，有点凄凉。

某一天在网上相遇，她幽幽地说，羡慕我可以真的离开单位，做自由职业者。她问我，不上班的感觉爽爆了吧？我笑，其实哪有什么绝对的自由呢，每一种生活都是牢笼。自由久了，也想逃离，逃回格子间去上班，恐怕更轻松呢。

其实，我们始终无法逃离生活本身，无论我们内心犹豫、挣扎、勇敢，还是绝望。你始终无法挣脱你的身份，你与生俱来的责任。

胡适先生说："容忍，是一切自由的根本。"
哲人卢梭说："人是生而自由的，却无往不在枷锁之中。"
我们想逃离的，是现实的束缚，也是内心的欲望。

特别年轻的时候，对波兰诗人的那句"生活在别处"深信不疑。

在日复一日的单调生活里，在灰色的钢铁森林里，我们封闭了自己的感官，觉得周围的一切了无生趣。因为我们的眼睛，除了工作日程的待处理事项，除了家和办公室之间那条熟悉的路线，鲜有机会看到新鲜的事物；我们的耳朵，除了接收命令和电波，再也听不到优美的声音；我们昏昏欲睡，我们百无聊赖，我们生无可恋。

而逃到一个新鲜的别处，我们的感官才会恢复敏锐和好奇。你才会发现，原来你的耳朵，不是为了塞住那个胆小的遁世的耳机的，它还可以听一听海浪的声音；你的眼睛，看到的再也不是灰色的天空街道、写字楼，它还可以凝望高原一望无际的绿色和羊群。

可是一场逃离之后呢？回归到庸碌的日常本身，进入一个厌倦和短暂离开的循环之中。不是挣脱那些束缚你就自由了，只有包容那些束缚才会获得真正的自由。

只要你活着，就难免遭遇庸常生活的平淡和无聊；逃离的念头像一次次重感冒，重要的是，你要找到和它相处的方式。

后来我不再想逃离现在的生活，对旅行也很难再提起兴趣，因为我发现了在平淡生活中更有趣的冒险方式：一种是读书，一种是写作。

这两件事情，联结了我和这个世界的太多太多人，让我真正找到了自己。内心深处的远游，抵得上飞行几千公里看到的曼妙风景；比起那些风景，每个人完全不同的大脑回路才最有趣和迥异。

读书和写作，它们使我变得敏感、好奇。

所以，一个人拥有一项爱好是幸福的，你会觉得通过这项爱好，和这个世界有了很深的联结；你不再会觉得有那么多时间无法打发，也在日复一日中，有了新鲜感和期待。

逃离是暂时的，如何在平淡的日常中活出自己的诗意和快乐，才是永恒的。愿我们都能找到一项热爱的事，足以抵御这个世界的乏味和无趣。

你为什么穷？因为贫穷的细节太有趣

· 1 ·

"贫穷是一种生活方式。"

这是国外一位研究发展的学者说的，我觉得挺有道理。可能很多人没有意识到，虽然人人都知道有钱的好处，也很想变成有钱人，但是他们最终止步不前，不是因为没能力改变，而是因为没有摆脱贫穷的强烈欲望。

为什么呢？很可能有些人，包括我自己，潜意识里是喜欢过穷日子的，因为贫穷的细节太有趣了。

关于这一点，王小波的一篇文章里讲过一个故事：

他住的院子里面，有一位退休的大师傅，70多岁了，喜欢捡垃圾。他每天早上5点多起床，把大院里的垃圾箱搜个遍，把所有的烂纸捡到他自己家门前，也就是王小波家的窗户外面。很快那个地方变成了垃圾场，飞舞着大量的苍蝇。这位大师傅呢，有退休工资，也并不需要靠捡垃圾为生，可是他哪儿也不喜欢去，就喜欢在家守着他的垃圾场，每天拨拉拨拉，也不舍得把垃圾卖掉，非常依恋那堆垃圾。

王小波在那篇文章里说："其实他有钱，但他喜欢捡烂纸，因为这种生活比什么都不做丰富多彩——罗素先生曾说，参差多态乃是幸福的本源。也不知是不是这个意思。"

·2·

在密云的山里读完这个故事，非常受触动。

萧伯纳的《英国佬的另一个岛》里，有一位年轻人说他的穷父亲："一辈子都在弄他的那片土，那只猪；结果自己也变成了一片土，一只猪。"

我想起当年我90多岁的太姥姥，也是特别喜欢穷日子，我小时候和她一起生活过几年，特别不理解她。她1905年左右出生，父亲家有土地出租，其实并不穷，她小时候还读过私塾。后来和日本人打仗，据说我太姥姥在"跑反"的路上扔掉两大箱子金银珠宝。

就是这样一位富养着长大的老太太，到老了，喜欢看别人打麻将的时候顺便要几角钱。她的儿孙们都非常富有，每次去看她给她带很多钱财和衣物，她都存着，不舍得吃，直到食品过保质期；不舍得穿新衣服，每天就穿着打补丁的破衣服，把那几箱子新衣拿出来摸摸看看，再放回去。

她去世之后，我姥爷发现她房间的一只箱子里全部都是几角几角的零钱，整整一大箱子的钱。那是她平时看我姥爷他们打麻将，每次牌局结束就问问谁赢了，然后问赢家要几角钱，就这么攒起来的。她攒钱干吗呢？也不花，也许就是觉得有趣。

她把新衣服放起来，也未必是不舍得穿，而是把旧衣服缝缝补补，总算可以找点事儿打发时间，比待着什么都不做有意思一些。我想我终于理解她了。现在距离老太太去世已经快 20 年了，姥爷也走了快 6 年了。

就像王小波说过——

如果说贫穷是种生活方式，捡垃圾和挑大粪只是这种方式的契机。生活方式像一个曲折漫长的故事，或者像一座使人迷失的迷宫。很不幸的是，任何一种负面的生活都能产生很多乱七八糟的细节，使它变得蛮有趣的；人就在这种趣味中沉沦下去，从根本上忘记了这种生活需要改进。

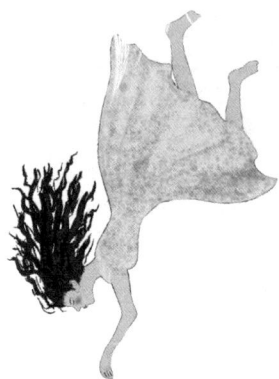

人活在世上，最大的安全感永远来自于自己。我们终其一生，就是要摆脱他人的期待，成为真正的自己。请活成你自己，而不是任何人。

前几年，"穷游"这种旅行方式大获人心，一本一本的旅行畅销书，告诉你没有钱也可以走遍世界，可以搭车，可以借宿，可以在青年旅舍做义工换取免费的食物。

我毕业那年花了几千块钱走了丝绸之路，还顺道去了趟青海湖。那次也确实是"穷游"，买最便宜的火车卧铺，只有到西宁坐了趟飞机；住几十块钱的青年旅舍床铺间，和陌生的驴友们拼车拼饭拼房间。

我开心吗？那时候确实是开心的。每一天都像电影，不知道下一秒会是怎样的际遇。路上认识了好多好多人，听了不少他们的故事，但是大都是怎样省钱旅行的故事。比如，有人告诉我在青年旅舍里扎帐篷，旅舍老板是无权干涉的，这样可以节省掉每天几十块的住宿费用。

现在想来，如果再让我住床位，搭火车，我宁愿在家待着看本书。可是为什么那时候就那么开心，沉迷于穷游的每一个细节呢？

当时是真的不介意连上卫生间都很不方便的啊；也不介意和一群不认识的人涮一个火锅，就为了餐费可以 AA；更不会介意要在公路上等很久，才能拦下一辆车，说服车主免费搭我们去目的地。

因为这些方式和细节还蛮有趣的，它丰富你的感官和体验，并且最终都指向一个目的，那就是省钱。用最少的钱看最多的风景。

· 4 ·

贫穷的生活方式有太多有趣的细节，我就特别喜欢观察身边人的生活。

家门口的小吃店，米线 10 块钱一碗。一个冷雨天，我下班回家不想做饭，就钻进小店要了碗米线。那是个狭窄而简陋的小铺子，摆了六张桌子，厨房的操作间用简单的架子隔开，架子上堆满了食材和饮料。老板是一对夫妻，吃饭的大多是附近的民工，我喜欢听他们谈话，粗陋的，大咧咧的，却不失欢喜劲儿。冷雨天吃一碗热腾腾的米线，吃饱了打一个愉快的嗝，这种生活，我觉得有趣极了。

我还喜欢看路边的修鞋摊。摊主一般都是中老年男人，穿着深蓝的大褂子，一双手粗糙得已经和鞋子融为一体，黑乎乎脏兮兮。戴着眼镜认真用胶水粘每一个缝隙，钉每一颗钉子，你问他修好没有，他可能头也不抬。那脚汗混着皮子的气味，你一刻也不想多停留，可是他就每天生活在那种臭臭的味道里。

早上 6 点我出门上班，穿过小区的时候，经常看到一位推着三轮车捡垃圾的大叔，他浑身都很脏，在垃圾箱里特别带劲地翻翻捡捡。三轮车的座椅上，放着一个音响，热辣直白的情歌就那么震天响着。他沐浴着晨光，听着情歌，哼着调子，特别愉快地翻着他的宝贝们。有一次下班，我还看到他特别开心地和另一位捡垃圾的大妈打招呼："你看，我这辆旧儿童车，5 块钱买的，你说我卖 10 块能卖出去吗？"

· 5 ·

一个人想要超越自己的出身和阶层，其实并不是容易的事。也许你在金钱上已经很富有了，但是在生活方式和心理的层面，还是对贫穷的方式最亲近。

我们学校有一位老师，早年非常穷，后来去国外留学，事业上发展得很好，已经在国外买下了一个庄园。后来他又回国到高校里面做科研，却连请学生吃饭点的菜贵了都斤斤计较，生怕浪费了每一块钱。他在北京很多年了，也不买房子，因为退休还是要回到国外的。他常年就租住在学校对面一个 90 年代的破旧小区里，错过了北京房价野蛮生长的黄金时代。

我很佩服我的朋友杨静，她也不是什么富裕出身，却能超越自身阶级和生活经验的局限。她在海南工作，她说海南的夏天太热，她不喜欢坐公交车，就真的不去坐，没有钱买车的时候宁愿走路或者打车，很快赚到钱就给自己买了车。现在她也不过 30 岁，已经做到公司副总的位子，还跟朋友开了公司。

所以说如果你问我，为什么有的人能快速变得有钱，我觉得不是什么鸡汤文教你的方法论可以解决的，最根本的原因是，他们有着对富人生活方式的强烈渴望。我能了解到的，那些厉害的企业家，那些真正成功的人士，他们和普通人最大的差别也不是什么能力、眼界和方法论，而是对于成功的野心和欲望。

你为什么穷？也许不是没有机遇或者能力，可能你觉得贫穷的生活太有趣了吧。沉迷于这种趣味之中，从根本上忘记了这种生活方式需要改进。对贫穷生活方式的不留恋和决绝，才能促使一个人往富裕阶层奔跑得更快。

你走的弯路
每一步都算数

从众带来的安全感是最虚妄的

我自小家教严苛。印象很深的一件事，初中时有一次跟我妈参加某位亲戚的婚礼。小镇的饭店并没有太多讲究，那天宾朋满座，围着十几张圆桌闹哄哄，地上散落满地的瓜子皮和糖果包装纸，满屋子呛人的烟味。

由新郎家族里最有威望的长辈携新人来敬酒。隔着烟雾缭绕，我看清那位长辈居然是我小学的校长，他好像是新郎的远房亲戚。

我端起酒杯正准备站起来，就在那一瞬间发现全桌的人都岿然不动，然后我又坐了下去，心里暗暗庆幸，幸好校长没有注意到我。喝完那杯酒，我就被坐在另一桌的我妈批评了。

我妈很严厉地教训我："那是你们校长，别人都不站起来，你就可以不站起来吗？你这样是很不礼貌的。"

这件事情对我的触动很大。

从此我明白了，一个人的行为要遵守规则，这个规则也许是法律和道德，也许是为人处世的普世标准，也许仅仅是你自己内心的准则。不是周围人做了什么你就要随波逐流，盲目从众更是不可取的。

可是我们习惯了从众，小到过个马路，大到婚姻和职业的选择。仿佛和别人一样，才是最安全的，否则，太过特立独行总使人心有余悸，好像那样的生活随时有什么灾难将要降临一样。

一个人可以坚守自己的准则，不被别人影响或蛊惑，其实非常难，需要内心非常强大。

我小时候生活的地方是煤城，基本上父母和所有亲戚朋友都在煤矿上班。他们对于下一代的期望，没有太多的想象力，混个文凭等着煤矿招工，是大多数煤二代的命运。

我的一位表哥，死活不肯听从父母的安排进煤矿上班。他的母亲拿着铁锹堵在院子门口，因为 17 岁的表哥已经打包好了行李，准备南下去打工。母亲软硬兼施，好话歹话说尽，也于事无补。最终，表哥一意孤行地去了广东，一头栽进未知的命运。

20 世纪 90 年代，煤企还算繁荣，年轻的小伙子们选择到井下工作的，更是拿着令人羡慕的高薪。而我的表哥，成了旁人口中叛逆的孩子，他们不理解，为何放着家门口的好工作不干，偏要背井离乡去吃苦。

20 年过去了，如今家乡的煤矿封的封，倒闭的倒闭，当年的高薪早已成了过眼云烟。人员分流，很多人不得不到离家近百公里的新矿去上班，周末才能回一趟家，薪水仅够维持温饱而已。

我的那位表哥，早已在广东打下一片天地，把父母接过去安享晚年。当人人争先恐后进煤企，以求一个终身无忧的铁饭碗时，表哥在广东什么生意都尝试过，睡过大街，住过地下室，尝尽冷暖。后来做服装生意赚了钱，买了几处房产，后又赶上房地产的黄金时代，房子升了值，他也跟人合伙开了个装修公司。

表哥在我们那个小镇，不过资质中等。他之所以赢得了后来的成功，不过因为敢于遵从内心的选择，不盲目从众而已。

想起另外一件小事。

我年少时的玩伴慧慧，大学毕业之后留在小城当公务员。她长得漂亮，明眸皓齿，又酷爱文艺，在小城姑娘里显得格外出众。

我研究生毕业那年，夏天回乡，和慧慧约在咖啡馆见面，得知她订婚了。

"我一点也不喜欢那个男生，可是家里催得紧，我爸妈都喜欢他，所以我就同意了。"我讶然。慧慧当年不过才 25 岁，神情已经俨然一副被生活倾轧成一个满脸愁容和焦虑的中年人了。谈起我们年少时的文学梦想，慧慧黯然一笑，惶然又有点羞涩，仿佛谈论一个不可告人的秘密，这秘密荒诞又遥远。那天我劝她慎重考虑婚事，虽然我自己也明白是徒劳的。

在小城，一个姑娘如果过了 25 岁还没有结婚，将被人耻笑，父母也为之蒙羞。你内心是否真的快乐，没有人会关心，甚至鲜有人会思考这个问题。25 岁结婚，26 岁生小孩，才是如标准答案一样的圆满人生。

然而不是所有仓皇逃进"和别人一样"安全感的人，最终都会获得一份表面的圆满和安稳。三年之后，28岁的慧慧带着孩子离婚了，因为和丈夫不仅没有半点共同语言，他还爱赌。我竟然想为她的勇敢鼓掌。

因为我结婚晚，所以我那些失联多年的朋友，遇见我身边熟识的人，打听我的消息的时候，第一个问题就是，她结婚了吗？

有一次参加集团的会议，碰到一个分公司的同事。她也很好奇问我结没结婚，我反问她，那你结婚了吗？她意味深长地笑笑，说，都这个年龄了，肯定结婚了啊，不然哪扛得住压力。可是那些嫁给了年龄的姑娘真的幸福吗？因为别人都结婚了，你就随便找个人结婚，就真的安全了吗？

如果连结婚这件事情都能从众，我真的无法想象还有什么事情不能将就。

从众有多容易，不从众就有多难。

他们会威胁你。如果你敢和多数人选择不同的道路，他们说你不合群，会抛弃你，会认定你不再值得被爱。他们会诱惑你。告诉你，你曾经多么懂事，你现在变得和大家不一样了，只要你承认错误，回到他们的轨道上来，他们会原谅你，像从前那样爱你。他们会预判你。告诉你，你走的那条路多么危险，他们吃的盐比你吃的饭都多，如果你再不回头，你会完蛋的。

"木秀于林，风必摧之。"

不从众，当然是很孤独的，有时候你会觉得独自一人站在荒原之上，四面无援。你悲愤，却无人倾诉。你呐喊，却没有回声。你好像遭到全世界的抛弃。

尤其在这样一个集体主义国家，做一个面目模糊的人，是最安全的。对群体的偏离，很有可能遭到群体的压力和制裁。任何一个群体，都喜欢和优待那些和群体保持一致的人。

可我依然拒绝随波逐流的生活，因为我明白，从众带来的安全感是最虚妄的。因为众人都在走的一条路，未必就是你最想看的风景；生活是自己的，没有人可以代替你去经历，适合别人的未必适合你；那些劝你从众的人无法为你的人生负责。

为了从众而去违背内心的准则做事，迟早会被更大的深渊吞噬，也许是你的良知，也许是你的价值观。

特别年轻的时候，我也害怕和别人不一样。大家都说国企好，稳定，我乖乖进了国企。大家都说找男朋友要找个有车有房的，我拒绝那些穷小子的约会。

可是，生活的河水自己慢慢蹚过，深一脚浅一脚，跌跌撞撞，才渐渐明白所谓的安全感，并不能从"从众"去获得。

　　后来我辞掉了国企的工作，真正做着自己热爱的事情的时候，才体会到职业上的安全感，不是你进了稳定的大公司，而是你有什么样的本事，只有你的真本事才能保证你在这个世界上立足，才能给你安全感。生活上的安全感，也不是来自一套房子一部车子，而是一个懂得你和珍惜你的人，爱才是安全感最大的来源。

　　人活在世上，从根本上来讲，最大的安全感永远来自自己。你永远需要靠自己的双脚坚实地站在大地上，然后召唤内心所有的力量，去实现你人生的理想。

　　虽然从众很容易，但是并不能给你带来安全感，甚至让你更迷惘。不从众，也许会遭遇孤独和痛苦，但至少是清醒的、完整的、有希望的，并且遵从内心地活过。毕竟，我们终其一生，就是要摆脱他人的期待，成为真正的自己。请活成你自己，而不是任何别人。

你还相信读书改变命运吗?

前几天，收到石油大学一名学弟的留言，他很迷茫，读的是石油物探专业，硕士研究生，毕业好几个月还没找到工作。如今就业形势严峻，同学中只有那些有背景的签回了油田，其他同学要么就转行了，放弃学了七年的专业，进入新的行业。20五六岁了，拿着两千块钱的实习工资，前途未卜。剩下的同学和他一样迷茫着。

他出身农村，七年前，以超出重点线七八十分的成绩考进石油大学的时候，他成了全村的明星，父母当然也为他骄傲。爸爸常年在外打工，妈妈为了多给他寄点生活费，一个人打好几份工。

他说："都说读书可以改变命运，可是没想到，到头来，苦读七年，毕业却连份工作都找不到。我们村那些没上大学的，高中毕业就出去打工或者做点小生意，现在早已盖起了洋楼，娶了媳妇生了娃，可是我呢，到头来一场空，还连累了父母。我感觉自己特别没用，特别对不起父母。"昔日的天之骄子，现在充满了挫败感和愧疚感。

我特别能理解他。对于寒门子弟，好好读书，考上大学，找个好工作，跳出农门，几乎是父母那一代人对我们的唯一希望。他们坚定不移地相信唯有"读书可以改变命运"，只要孩子好好学习，他们多辛苦都心甘情愿。

在 20 世纪 90 年代之前，确实很多人通过高考改变了命运。

我的某位长辈 60 多岁了，有一次和他聊天，问他最难忘的事是什么，他依然毫不迟疑地说，是接到大学录取通知书的那天。"文革"后恢复高考那年，他凭着大学录取通知书，走出那个小村庄，后来去了宁夏，到了北京，又远赴英国，退休后定居加拿大。他几乎走遍了世界，见识过许多大场面，经历了许多旖旎风光，可是回首半生，最强烈最清晰的记忆，依然是那个"改变命运的时刻"。

可是现在，大学毕业生就业难已成常态，寒门子弟更难找工作。即使找到工作，薪水也低得可怜，大城市房价高得难以企及，他们蜗居城市的边缘，和很多人群租于陋室，成了城市里的"蚁族"，毫无生活质量可言。

高等教育也不再是改变命运的利器，反而很多农村家庭因教致贫，就像我那个学弟，因为他们父母的观念还停留在——读书改变命运，只要你好好上学，倾家荡产也供养你。

一项农业部门的抽样调查表明，甘肃省重新返回贫困线以下的农民中，因教育支出返贫的占 50％。《为什么贫穷？》是

2012 年底全球最受关注的纪录片，在全球 180 多个国家播出，收视人群超 5 亿。享誉国际的纪录片导演们，以"为什么贫穷？"为共同题目，拍摄了每集一小时共八集的纪录片，第八集《出路》讲述中国的贫困，拷问的正是读书（教育）致贫。

因为笃信"读书改变命运"，越来越多的穷人成了一些教育资源捕食的"猎物"。

我的一个表妹，爸爸是煤矿工人，妈妈没有工作。她高中时学习不好，家里借钱送她学画画考艺校，上了一个三流的民办大学，高昂的学费是助学贷款加上找亲戚们借来的。毕业之后，表妹在合肥找了个月薪 1800 元的工作，后来还因为生小孩被老板找理由辞了。

在纪录片《出路》中，民办高校的"讲师"王振祥辗转于大冶、赤壁等多个县域的农村，忽悠低分学生到这个学费高昂教学低劣的学院读书——因为"农村的孩子和家长相对好骗"。

"命运总是不公平的，教育应有的目标，便在于减缓乃至纠正不公平的命运给人们造成的冲击，这就是为什么我们一度相信'读书改变命运'。"一位作家如是说。可是当教育本身成为不公平的根源之时，贫困家庭当然成了受害者，但久而久之，整个社会都是受害者。

"你还相信读书改变命运吗？"关于这个问题，另一项来自网络的调查显示，有 8.5 万多人选择了"不相信"，只有不到 4

万人选择了"相信"。

那么，既然读大学已经不再是改变阶层和命运的康庄大道，对于资源、金钱双重匮乏的寒门子弟来说，出路到底在哪里呢？

电影《中国合伙人》中，成东青连着两次高考失败，依靠母亲向乡亲借钱最后考入北大，创业成功。但在现实生活中，有几人能够成为成东青呢？

去年我做"采访100人"计划，认识一位农庄的创始人。他大学毕业也是在大城市找了份还不错的工作，做着朝九晚五的小白领。但是工作几年之后，几乎没有存款，跟刚毕业的时候一样，和别人合租着房子，每天挤早高峰的地铁上班，赚着一份稳定也微薄的薪水。20六七岁的他忽然觉得特别惶恐和焦虑，不知道未来在哪里。

他来自农村，父母一辈子守着山里的果园，种植的水果纯天然无添加剂，非常畅销，但是家里一样很贫困。因为不懂销售，父母只能等着水果贩子来家里收购，价格非常低廉。

一个想法在他心里渐渐发芽，待时机成熟，他便辞掉了工作，回家乡创办农庄品牌，用互联网做营销，不仅帮助父母致富，也带动村里的其他果农一起赚了钱。几年之后，他彻底告别了城市，回到家乡成了企业家。

我的朋友小鱼，也是在深圳做了十年财务工作之后，回到她湖北家乡，位于神农架附近的那片好山好水，帮助父母做家乡特

你走的弯路
每一步都算数

产的销售，带领一家人致富。

他们都是从村庄走出，靠读书改变了生活轨迹，进入城市求学和工作；后来又回归村庄，带着学识和眼界，彻底改变了原生家庭的阶层。你能说，这一切和读书没有关系吗？

如果你问我，还相信"读书改变命运"吗，我依然相信，读书可以改变命运。但是，不要误解读书的含义，读书不等同于高等教育。

中国自古以来重视读书，"万般皆下品，唯有读书高""两耳不闻窗外事，一心只读圣贤书"。其实，那时的重视读书并不是因为对知识的尊重和渴望，而是把读书作为了敲门砖，"书中自有黄金屋"，读书的意义在于考取功名，在于做官。

"文革"之后的一 20 年，是大学文凭还非常稀缺的时代，恰逢国家经济建设飞速发展，各个行业对人才趋之若鹜，拥有大学文凭的人当然成了时代和社会的宠儿。他们的那块"敲门砖"还非常好用，读书，或者说大学高等教育确实改变了他们的命运。

现在呢？在中国社会的转型和市场经济的浪潮下，别说大学文凭了，可能很多大学专业都已经不再适应社会高速发展的需求了。而新兴的行业和领域，依然重金难聘请到专业的优秀人才。所以很多人"毕业就失业"，信念和三观都被刷新。其实市场已经将权力交给一个个分散的个人，青年学子们应该将主要精力用在市场化的大潮中。

在我看来，读书永远是终结迷信和权威的良方，关键看你怎样读书。知识永远能够改变命运，关键看你所获得的是什么样的知识。读书的时间，不仅仅是你上学的时候；获取知识的地方，不仅仅是大学的教室。

其实，读书真正改变的是人。它可以增长你的知识，开拓你的视野，帮助你建立三观，改变你的思维方式，真正找到你人生的坐标。

无论如何，读书或者高等教育，不该是阶层固化和失业率增加的替罪羊；一个人只有掌握一项核心的技能，真正发挥自己的才华和优势，顺应时代的趋势，才能在这个千变万化的社会中更好地生存，而不是取得一纸文凭，就妄想靠它过一辈子安稳无忧的富贵日子。

你走的弯路
每一步都算数

是什么阻止你变得更好？

· 1 ·

刚毕业不久的师妹，有天晚上发消息跟我说，真的很不喜欢现在的工作，虽然同事都很好相处，工作氛围也比较轻松，但是她一点都不喜欢写会议纪要、订机票这种打杂的事，因为她在部门里最年轻，所以领导总是把这些琐事交给她来做。

"我的职位是助理工程师啊，又不是勤杂工。"师妹愤愤不平地抱怨。她说起有一次办公室的打印纸用完了，刚好急需打印一份报告，负责采购的人又不在，所以领导就派她临时去买打印纸。虽然很不情愿，师妹还是从自己的工作中抽身出来，去买了打印纸。

还有一次，整个项目组一起出差，领导也是自然而然地让她负责订机票、订酒店，报销的时候负责帮大家贴发票。师妹被这些琐事弄得不胜其烦，又不敢直接拒绝领导的安排，所以有时候就故意出错，好让领导下次别再找她。

我想起自己大学毕业刚工作的那段时光。因为也是国企，和师妹的工作环境差不多。初入职场的新鲜感过去之后，日复一日的琐碎和无聊也让我变得很消沉，觉得自己的工作毫无意义。

有一次，我参与的项目跟外方有个合作，引进的软件需要外方做一个系统的培训。我们领导便把联系和接待外方的事宜交给我，让我发邮件问问他们什么时候到。邮件发过去，很快收到回复。我去跟领导汇报："他们下周三到北京。"

"几个人？航班号是多少？具体时间呢？要待多久？"

我被问蒙了，只得老实回答，具体的我没有问那么多。

那次我很囧，又厚着脸皮去发了封邮件，问清楚了人数、航班号、具体时间。然后汇报给领导，由他决定安排多大的车去接，订哪个酒店。

所以你看，初涉职场，虽然无法避免做一些琐事，可是如果我们没有亲身去经历，恐怕连这样的小事都做不好呢。作为职场新人，你做的每一件事都不会是浪费，职场是修行的地方，你需要学习的还很多，每一个取得巨大成就的人，都是从一件件小事成长起来的。

给自己一段时间去成长，让自己变得更好，用你的能力来证明你可以胜任更重要的工作，那么假以时日，那些琐事自然就会被领导交给其他人去做了。如果你连日常琐事都做不好，又怎能让人信服你值得做更有价值的工作呢？

· 2 ·

我想起我的另一个朋友，大学毕业五六年了，换了有十多份工作，每一份工作做了不到一年就要跳槽，原因是他觉得没有人赏识他，他在之前的公司没有受到重用。

就拿上一家公司来说，刚进公司的时候，领导布置任务给他，让他按照领导的思路写一款产品的推广方案。朋友思考了好几天，觉得领导给的思路不够好，就把领导给的思路和框架放一边，按照自己的想法写了一稿。

朋友非常得意地交了稿，领导并没有采纳他的新思路，反而批评了他。后来的很多事，朋友也没有吸取教训，屡屡碰壁，连试用期也没有过。

朋友很委屈，觉得自己并没有错："是那个领导不懂欣赏我。"

很多时候，我们就是这样盲目地麻痹自己，工作上碰壁，觉得自己才华横溢，只是他们不懂得欣赏；感情上受到伤害，觉得都是对方的错，离开我是他的损失；和朋友相处出现矛盾，觉得自己并没有错，是他们太玻璃心；家庭关系一团乱麻，从来都是丈夫太自私，婆婆太极品，而自己绝对没有问题。

近年来流行的鸡汤也一遍遍告诉我们，坚持做你自己，保持你的真性情；当问题发生，生活不那么顺畅的时候，从来没有人告诉你停下来反思自己，我做错了什么？有没有方法可以把事情处理得更好？鸡汤当然能给人安慰，但是毫无用处。我们应该做的是，遇到挫折和问题的时候，反思自己，而不是一味地把责任推给环境或者他人。

我记得刚刚开始在新媒体写作的时候，我也洋洋自得，觉得自己虽然是个理科生，文章写得还不错，到处去投稿，当然屡次被拒。当时我很瞧不起那些编辑，觉得是他们没有欣赏水准，我写得太好了，所以曲高和寡而已。

后来我每天坚持写一篇文章，坚持了半年之后，积累的关注越来越多，不少人称赞我有了进步。半年前拒我稿子的那些编辑，也纷纷抛来橄榄枝，和我商量在杂志上刊发，甚至有好几家出版社来和我洽谈出书事宜。

我再回头看半年前写的文章，自己羞得脸都红了。那些观点不鲜明、逻辑不通顺的文章，我居然曾经自以为是地觉得棒极了。

所以当你的作品没有得到别人认可的时候，很大的原因是你做得还不够好，而不是别人不懂得欣赏。我们唯一可以做的，就是停下来反思和提高自己，当你沉下心来专注于事情本身的时候，经过一段时间的磨炼和积累，进步一定是大家都看得见的。

· 3 ·

我的朋友落落是个有着曼妙身材的美女，她在工作之余还兼职做瑜伽教练，日子过得光鲜明媚。

可是两年前，遭遇感情重挫的落落，还是个人见人嫌的胖姑娘。和男朋友分手，她每天以泪洗面，暴饮暴食，体重一下子从50公斤飙升到65公斤，对什么事情都提不起兴趣，下班之后就宅在家里吃零食，看电视，或者单纯地发呆。

"我不会好起来了。"我每次去看她的时候，她都这样绝望地说。

我建议她办个健身卡去减肥，她摇头；我提议陪她去旅行，她没兴趣；我拉着她去上陶艺课，结果还没开课她就匆匆逃离了教室。

生活仿佛陷入一片沼泽，觉得整个人生都黯淡无光，看不到任何希望了。这样的时候，我想我们每一个人都经历过吧。可是关键是，你选择沉溺于泥泞之中，还是爬起来继续赶路呢？

"你永远无法叫醒一个装睡的人"，是的，如果一个人选择了自暴自弃，那么旁人再怎么努力劝解，都是毫无用处的啊。

经过长达一年的消沉，有一天落落幡然醒悟，其实分手的伤痛早已淡去，把生活弄得一团糟的正是她自己。没有人可以阻止你变得更好，除了你自己。

所以接下来，落落开始减肥，体重减下来之后，整个人都漂亮和精神了很多。学习瑜伽的过程中，落落对此产生了很大的兴趣，后来成了兼职的瑜伽教练，这意外的收获，重新点亮了她的生活。

是的，深处黑暗之中的时候，我们常常跟自己说，我不行了，生活不会变好了。可是如果你不试试努力一下，打破那些消极、顾影自怜的情绪，踏踏实实去努力前行，又怎知未来不是一片光明？

我记得自己工作第二年的时候，总公司组织一个英语演讲比赛，领导帮我报了名。可是我对自己一点信心都没有，因为我是那种在众人面前讲话都会脸红的姑娘。我一定不行，肯定会丢脸的。我心里一遍遍这么暗示自己，沮丧和绝望的情绪几乎将我吞噬。

某一天我去敲开领导办公室的门，吞吞吐吐地说，我想取消比赛，因为我肯定做不好。领导没有同意，鼓励我说，去试试，拿不到名次也没有关系。

后来我去书店，买了很多演讲方面的书，在网上搜索了一些英语演讲比赛的节目来模仿和学习，两个月之后的比赛，竟然获得了三等奖。

那次经历我终生难忘，重要的不是拿了名次，而是克服了自己内心的恐惧和消极的心理暗示，踏踏实实去努力之后，发现自己可以做得到。

· 4 ·

20 几岁的时候，我们都想变得更好，可是成长的路上并不是一片坦途。也许会遇到不公平的待遇，也许会遇到困难和挫折，也许会遇到别人的嘲笑和冷言冷语，可是我一直相信，阻止我们变得更好的，不是别人，不是机遇，也不是环境，而是我们自己。

只有我们以一颗平和而谦卑的心，从小事做起，认真踏实地去努力，不沉溺于顾影自怜的情绪，也不自暴自弃，怨天尤人，才能从每一段经历里面去成长和进步。

那些没能打败你的，最终让你变成了更好的人。

你的迷茫，是因为不敢面对自己的渴望

我之前在一家大集团工作，部门负责对接 12 家分公司的某些项目，然后向总部相关部门汇报整个集团一年的工作进展。

每年的 9 月份，有一次例行会议，公司会组织我们和所有分公司对接。会议期间特别辛苦，因为不仅白天要听各个分公司的汇报，晚上还要和相关人员对接数据，根据白天的汇报和领导们提出的建议，做出相应的修改和调整。

最让我头疼的，是某家分公司的小王，她每次交上来的表格都有很多问题。有一次，竟然用的表格都错了，那一年我们出台了新的规定，把新的表格都下发到每一家分公司了，可是她交上来的，还是去年的旧表格，竟然连日期都没有改。

可想而知，她常常被领导训。有一次她悄悄跟我说："领导再训我一次，我就辞职。"我问她："那你辞职之后想做什么呢？"

小王吞吞吐吐，最后黯然地说："我一点也不喜欢现在的工作，可是也不知道自己可以做什么，所以一直特别迷茫。"

你走的弯路
每一步都算数

我好奇地问她："那你为什么选择了现在这份工作呢？"

"因为我学的就是石油勘探专业啊，父母也是系统内的，所以毕业就顺理成章进了国企。因为女孩子嘛，有一份稳定的工作就好。"

"可是，你真正喜欢的事情是什么呢？你有什么梦想吗？"

"我小时候喜欢画画，可是家人都说，搞艺术又不能当饭吃，再喜欢又怎样呢？"

看着小王一脸的迷惘和无可奈何，我想起过去的自己又何尝不是这样。

每天按部就班地上班、下班，每天随着人流走进地铁，安检，刷卡，等待呼啸而来的下一趟地铁带我回家。我常常回到家里，拉上窗帘，打开灯，坐在沙发上发呆或者掉眼泪。生活平静如水，甚至没有任何的涟漪，表面看起来也还算不赖，我却如此不快乐。

我曾试图说服自己：生活就是如此现实的，生存已经耗尽你的力气，你有什么资格奢谈梦想呢？我压抑着自己真实的渴望，一旦发现那些叫做梦想的小小苗头冒出来的时候，就震惊又恐惧地压制它，然后是失落和不甘。

日子就这样在迷茫和纠结中一天天度过。

某一天，我读《牧羊少年的奇幻之旅》，被其中一段话深深震撼——

我们从童年的时候就被告知，我们想做的事情都是做不到的。随着时间的流逝，年龄的增加，我们面对别人的偏见，自己的恐惧和内心的愧疚。那种无形的召唤在我们的身体里燃烧着我们的灵魂，那种无形的召唤就在那里，你感觉到了么？

　　"那种无形的召唤"其实就是童年时期已经潜藏在我们内心真正的渴望。

　　因为我们从小到大，都被告知想做的事情是荒谬的，所以小王喜欢画画，但是不敢真的把画画作为毕生的追求；我喜欢写作，却不敢冒险去读中文系，从事文字相关的工作。

　　我们都不约而同地选择了压抑自己的梦想，逃避自己内心真正的渴望。我们仓皇逃窜，逃向世俗认可的一条安全的道路，读了我们不喜欢的专业，做着自己无比厌倦的工作，但是当别人都觉得我们的生活无可挑剔的时候，我们却感觉迷茫，觉得生活毫无意义，也看不到人生的出口。

　　刘瑜曾说："梦想多么妖冶，多么锋利，人们在惊慌中四处逃窜，逃向功名，或者利禄，或者求功名利禄而不得的怨恨。"这是大多数人与他们的梦想相处的方式，就像你我。

　　可是，真正的热爱和渴望，不是你选择压制或者逃避它就会消失不见。反而越被压抑的梦想越像剧毒，或者成就你，或者摧毁你。

而我真正把"写作"作为毕生的事业之后才发现，只有当一个人做着他发自内心真正热爱的事情，才会彻底不再感到迷茫，才能联结到最深处的能量。只有当一个人努力靠近梦想的时候，他才找准了自己在这个社会的坐标，他散发出的光芒，可以照亮别人走出黑暗。

也许不是每个人都有一件特别喜欢的事儿，都能一下子找到职业和生活的目标。不过，当你为自己的"迷茫"感到困惑不安的时候，其实是值得祝贺的。因为你是这样的人：你不想虚度此生，想做一些有意义的事，想找到自己奋斗的目标，想体验激情燃烧、不枉此生的感觉……

著名的马斯洛需求层次理论也许可以帮助你建立自己的目标——

马斯洛把人们的需求分成 5 个层次：生理需求，安全需求，爱和归属需求，自尊需求和自我实现的需求。所以不妨参照一下，你正处在哪个层级呢？

人的需求是逐层递增的，宏大的人生目标也需要一步一个脚印地去实现，当我们起点不高的时候，不妨先给自己定一个现实的、不难达成的目标。然后再一级一级地去实现人生的总目标。有时候，人生的意义和终极的目标，正是你在做一件件小事的时候浮现的，所以必须参与到真正的生活中去经历。

如果你刚刚大学毕业，就不要一下子梦想去"自我实现"，可以先聚焦于第二个层级的"安全需求"——找一份工作养活自己，先在社会上立足。然后你才能去考虑交朋友啦、发展兴趣爱好啦。

如果你已经有了一份不错的工作，那么你可以聚焦在第三个层级的"爱和归属需求"——找个男（女）朋友，那么问题来了，你想要一个什么样的亲密关系？去哪儿找到这样的人？去经历，去试错，不要害怕失败；找人生伴侣这种事也是在挫折中积累经验，才能慢慢了解自己，了解自己想找什么样的人，并且更好地和另一半相处。

20岁至30岁是人生的黄金时代，也许这个时期你很迷茫，但是你有足够的时间和资本去试错，青春的意义正在于探索和试错。

所以，千万不要担心"万一弄错了怎么办"，你有足够的时间去调整方向。而且，只有你真正经历了，才能切身体会一个目标（或者一个人）适不适合你，在过程中积累的方法和感悟，对于你改变方向之后也一定是有用的 —— 一切的经历都是收获。

当你觉得迷茫时，想一想自己内心正在渴望什么；如果没有特别想做的事，那么就先了解自己处在马斯洛五种需求层级的哪一级，然后立足于你的层级，设定一个现实可行的目标，不管这个目标的好坏，先朝这个目标行动起来。在后面的努力过程中，你可以不断回顾、修正最初的目标，也可以及时调整方向。不要害怕走弯路，因为你永远无法用现在的思维和眼界去揣度未来的思维和眼界。

当你真的行动起来，你会发现自己正慢慢朝着正确的方向行驶；哪怕道路崎岖，哪怕走的是一条当初根本无法预料的航道。

逃离是暂时的，如何在平淡的日常中，活出自己的诗意和快乐，才是永恒的。愿我们都能找到一项热爱的事，足以抵御这个世界的乏味和无趣。

无论如何，
别浪费你的人生

对不起，我拒绝凑合的人生

前几天和朋友吃饭，回程的路上聊起我们的父母，有一个共同感受就是，上一代人习惯了凑合过日子。

朋友说她小时候和妈妈去旅行，从来不给好好吃顿饭，每次都是面包火腿肠凑合一顿。有一次她们去杭州玩，沿着西湖走了半圈，走得饥肠辘辘、大汗淋漓，然后妈妈带着她到一家餐厅里面吹空调。凉快了一会儿之后，妈妈提议到外面随便买点面包吃，朋友耍赖不肯走，说来了西湖不吃西湖醋鱼算什么？

我听了哈哈大笑。我小时候何尝不是这样，毛巾用坏了，我要求换新的，我妈会说，凑合凑合吧。我初中的时候就自己去买衣服了，因为每次我妈陪我买衣服，逛遍整个县城都挑不到我喜欢的，我妈每次都特别愤怒，说你怎么这么挑剔？凑合一下不行吗？

不行。我就是要看到喜欢的才买。我从小就是那种不凑合的小孩。

六七岁的时候，家人每天派我去买早餐，我站在油条铺子跟前，一定要等最新鲜的出锅。卖油条的阿姨看我年纪小，想拿剩的糊弄我，我坚决不要。她觉得没面子，跟旁边的人说，这小丫头好难讲话。

小时候家人带我去买东西，无论是玩具还是学习用品，我看中的一定是最贵的。如果让我选个便宜些的代替，我就不要了，宁愿不买也不要退而求其次。父母带我去亲戚家做客，招呼我吃我不喜欢的菜，我一定拒绝。当我听到"不吃完多浪费啊"就心里暗暗思量，难道我的胃还没有剩菜剩饭重要？

高考那年考砸了，还是坚定地报考北京的学校，做好考不上就复读的打算，我坚决不要去个不喜欢的城市。最后凭借努力还是如愿上了重点大学。

在北京工作之后，经历两年与人合租的生活，第三年的时候再也不想凑合，用掉一半的薪水租了个独立的一居室，下了班不敢懈怠，兼职写广告开网店赚钱，结果副业的收入远远超过了工资。

看到一句话，说"一个人如果不按照想法去活，迟早会按活法去想"，深以为然。

二十七八的时候还没结婚，所有人都跟我说别太挑，等30就更不好找了，你不知道北京剩女比剩男多吗？80%的婚姻都是凑合过日子。

但我偏不相信，凑合的婚姻能比一个人生活要幸福。张爱玲的姑姑一生未婚，她曾说："愁眉苦脸地赚钱来，愁眉苦脸地活下去，有什么意思呢？"

是的，我知道我想要的东西太稀少而珍贵，但是我绝不凑合，我哪怕孤独终老，也不要把生命浪费在不喜欢的人身上。在我看来，所有不快乐的婚姻都是要流氓。

我认识我家吕同学之后，发现我俩不凑合的劲儿挺相似。

北京的车牌要摇号，中签率只有千分之几。几年前他摇到了车牌，大多数人都建议他放弃，因为他没什么钱，他还没买房子，买什么车啊。人们都说，车是消耗品，应该先买房再买车。但是他毫不犹豫买了车，而且没有像别人建议的"随便买个二手的"，他买了他小时候就喜欢的那款车，他说车牌号这么珍贵我为什么要放弃，没有买房子为什么就不能买车，既然买了为什么不买自己喜欢的。

总之就是三个字：不凑合。

去年我俩去看房子，算了算手头的钱只够郊区一套小房子的首付。中介带我们看了几套二手房，我们都不太满意。最后看了一个新开的楼盘，一平米的价格比周围小区贵好几千。我俩当下毫不犹豫就拍板决定了，付了定金。

吕同学比我还高兴，说虽然比周围小区贵，但是这个房子符合他所有的要求：新楼盘，绿化好，物业好，人车分流，朝南三居。后来证明我俩眼光不错，周围小区房价纹丝不动，我们买的那个小区一平米又涨了好几千。

我有次开玩笑问他："如果你没遇到我会怎样？"他说："哪怕等到 40 岁也要找到自己特别喜欢的人才结婚。"

他身边经常有人看到他时时刻刻给我发微信联系，都会半开玩笑问他："和你老婆还有那么多话聊？我和我老婆都没话说，年纪到了就结婚了，结婚之后生活更没什么意思。"

当很多姑娘问我，二十六七岁了，要不要凑合找个人嫁了，我都特别诧异。人生那么短，可以肆意挥洒的年轻时光更短暂，为什么年纪轻轻就要凑合？

当你压抑着自己真正所爱，凑合着接受了"退而求其次"，你一定不甘心，那种痛苦和遗憾，一定会在很多个深夜吞噬着你。一旦有外界的刺激，你一定会做出更疯狂的事情来报复凑合的自己。

无论何时，我都相信自己值得最好，最好的食物，最好的衣服，最好的事业，最好的爱人，最好的朋友。当你相信自己值得最好，就会召唤你内心所有的力量去实现，去完成。哪怕不能抵达所有的最好，相信我，在你全力以赴去追求的路上，就已经体验了最好的人生。

多年前，读作家陈丹燕《上海的金枝玉叶》一书，对经历过炼狱般至深的灾难，晚年住在简陋的大杂院，依然保持精致和优雅的黛西女士非常敬佩和喜爱，因为她对于生活也有一股"不凑合"的劲儿。

黛西女士原本是上海掌管永安公司的郭式家族的四小姐，是当年上海滩有名的金枝玉叶，锦衣玉食，出门有司机，家中奴仆成群，一切繁华应有尽有。

新中国成立后，她留在国内，在浩浩荡荡的运动年代，她的出身使她的生活备受冲击，丈夫获罪入狱并在狱中去世，家产被一次次扫荡后终于一贫如洗，还要偿还沉重的债务。所有的荣华富贵都随风而逝，她被送去劳改，受人羞辱打骂，沦落到挖鱼塘清洗粪桶。

劳改结束后，黛西和最底层的人一样住在大杂院，靠做英文教师的收入为生。尽管物质生活贫乏，在艰苦的环境里黛西却没有凑合着过日子。她依然穿着整洁的旗袍，用煤球炉子烤法式面包。晚年的时候，每当有记者采访，黛西女士都要为迎接每一个来访的客人化精致的妆。

这位上海的金枝玉叶，教会我无论生活发生什么，环境如何变迁，都要保持内心的优雅和高贵，不将就不凑合，才是对自己人生负责任的态度。

听说著名画家吴冠中作画，要求每一幅画都有新意，不重复，不克隆以往的东西，绝不重复再画第二张雷同的。正在走红之期，吴冠中开始了撕画的惊人之举。他说："人老了，趁现在活着，赶紧把那些自己觉得不满意的作品撕掉。撕掉不如意，留下精美。

倘若凑合了，自我迁就、自我懈怠、自我降低人生质量，是不可取的。"

是的，不凑合的人生才是高质量的，自我约束的，有所追求的。

我拒绝凑合的人生。

一直买便宜货，你也太浪费了

　　大学刚毕业那两年，我延续了学生时代的习惯，喜欢去淘宝和动物园批发市场淘便宜的衣物，觉得商场一条裙子动辄上千块太坑了。我仗着自己年轻身材好，便宜货也能穿出女神范儿，常常沾沾自喜自己又漂亮又很会省钱。

　　我记得那时候每天晚饭后的时光，都是用刷淘宝打发掉的。我收藏了上百个外贸原单店铺，不亦乐乎地每天守着上新通知。那些所谓的品牌原单，一件不过百十来块，大手一挥清空购物车，一点都不心疼，反而有一种可以随便买的爽感。

　　到了周末，则是经常往动物园批发市场跑。和闺蜜一人一只黑色塑料袋，像暴发户一样扫货，一举拿下十几件衣服鞋子，心满意足地打车回家。其实这满载而归一趟下来，只需人民币数百元而已。

　　我沉浸在买便宜货的快感中无法自拔，像女明星一样一天一个造型，每套衣服都有专属的鞋子和包包来搭配，每天去上班都有一种去走时装秀的错觉。而且最重要的是，有些衣服买来穿一次就不喜欢了，因为便宜，扔掉也不会觉得心疼。

我沉迷在买便宜货的快感里，除了依然存不下钱，这样的生活过了很久似乎也并没有什么问题。直到有一天，需要去参加一个比较隆重的酒会，我打开衣柜巡视一番，悲哀地发现，竟然没有一件拿得出手的衣服。

那五彩斑斓各式各样的裙子像往常一样对我卖弄风情、挤眉弄眼，可我对它们不再心生怜爱，而是挑剔着它们廉价的质地、粗劣的剪裁，和容易暴露身价的走线。

那天，我失落极了。

更加崩溃的是，搬家的时候，我发现满柜子的衣物和满地的鞋子，竟然没有几件是我想带走的。每一件衣服都曾经是新欢，买来的刹那，也是开心的，可是它们好像并没有重要到千山万水都要带着一起走。因为廉价，总觉得有临时的气氛，就好像租来的简陋房子，因为并没有打算长久居住，所以没有心思花时间去好好布置。后来仔细算了算，其实那些年，我买的便宜货，90%以上都没有活到第二年，穿过一两次就被我迫不及待打入了冷宫。

所以，买便宜货真的可以省钱吗？
不，一直买便宜货其实更浪费。

便宜的东西总是不被珍惜的。因为便宜，你买的时候容易冲动，没有注意到其实抛开价格，它并没有那么吸引你；因为便宜，你扔的时候毫不心疼，总觉得也没多少钱嘛，旧的不去新的不来。其实仔细算下来，每一季买的那些廉价衣物，都够去商场买几件真正质量上乘、款式经典的品牌货了。

除了钱，买便宜货其实是对资源的极大浪费。

几年前看过一个非常经典的纪录片《牛仔裤的代价》，几位德国男生就德国品牌 Kik 卖场里的一条 9.9 欧元的牛仔裤，开始追溯它的历史，找到了这条牛仔裤出生的地方。

这个片子里记录的牛仔裤制造过程，对大自然资源的浪费，对生产工人健康的破坏，让人触目惊心。

一条牛仔裤等于 3480 升水。

牛仔裤几乎就是由水制成的，从棉田到棉布再到洗衣机，一条牛仔裤一生之中居然需要耗费 3480 升水，如果按成年人每天需摄入两升水来计算，一条牛仔裤的耗水量足以满足一个成年人接近五年的饮水量。而制造牛仔裤排出的污水，经常不经过任何处理，就直接流入了附近的农田和蜿蜒村庄的小河。

廉价牛仔裤背后的生产方式，直接摧毁了工人的健康。为了漂白，需要工人向牛仔裤喷钾金属等喷剂，这些喷剂都有极强的腐蚀性，车间里弥漫着有毒颗粒，这些细微的沙尘会被工人直接吸入肺中……

因为便宜，所以这样的牛仔裤十分畅销，人们被膨胀的欲望驱赶着，去一举买下自己并不需要的数量时，不会意识到生产一条牛仔裤要付出多少资源的代价。

不仅如此，一直买便宜货，浪费的是你对高品质生活的信心。

我还记得那个搜遍衣柜，找不到一条可以参加酒会的连衣裙的傍晚，我坐在地板上悲哀地想：难道我以后的生活就这样了吗？只能穿便宜的衣服，住廉价的出租屋，交往着同样一贫如洗的朋友？

"买不起贵的，买一件便宜的也好。"

所以我们一边安慰着自己，一边幻想穿着大牌同款的原单裙子，涂着几十块一支的口红，走在时尚前端，做着中产阶级梦。直到被现实恶狠狠地打回原形，才发现，其实你对生活，一直在委屈和将就，一直买便宜货，短暂的快感之后，其实你的内心是委屈的。

也许每个姑娘都有一个这样的成长过程，从追求数量，到追求质量；从喜欢买新衣服，到只买好衣服。因为千帆过尽，阅尽繁华和苍凉，才慢慢发现，我们的人生不是用来凑合的，我们的衣橱并不想被廉价的便宜货塞满。

那些便宜的衣服再诱人，我们也不再侧目，因为相信自己值得更好更贵，更适合自己的。就像有人说："用买十件便宜衣服的钱，来买一件好衣服，你的衣橱就经典了，也精简了。"

其实，你的消费观折射的就是你的人生观。

当你可以拒绝便宜的诱惑，也就会越来越明白，那些备胎看起来再好，你也不会和他们其中任何一个人交往。你会越来越笃定，自己想要的是什么样的感情，你会更加有信心和耐心，等待那个真正令你心动的人。

当你不再被唾手可得的便宜货吸引，而是打定主意存够钱去买真正喜欢的衣物的时候，无论职业或者人生的选择，你也不会挑那条看起来容易走的路给自己。因为你明白，虽然看起来容易，不需要付出多少辛苦和努力，但是那条路的尽头，未必有你心甘情愿等待的风景。

如今的我，早已不再看到打折促销就热血沸腾，更不会因为一个东西便宜，就冲动地买回家。衣服和护肤品，只买几个固定的牌子，每一季的单品不超过 5 件，但是每一件不论上班还是酒会这样的隆重场合，都拿得出手。

我不想再将就和凑合，活得廉价而委屈；而是相信自己值得更好，然后付出努力去获得。几年下来，我在衣服鞋子化妆品上的消费，不仅没有花费更多，反而省了不少钱，并且节约了挑选的时间，也更加环保。我把省下的钱和时间，用在更有趣和值得的地方，比如用来读书、写作、健身、旅行，整个人的状态越来越优雅明亮，生活越来越从容精致，认识的朋友也越来越智慧和有趣。

所以，我越来越相信，一直买便宜货才是真的浪费，想要拥有更好的人生，首先要更新你的消费观，继而你的人生观也会跟着升级。我们值得更好的人生，购买真正喜欢的物品，陪伴真正爱的人，做一份真正热爱的工作，而不是因为便宜和容易，去凑合着选择自己并不是那么喜欢的。

我也越来越笃定，我会诚实面对自己的野心和欲望，为了想要的那种生活，去脚踏实地付出努力；而不是退而求其次，用冒牌的便宜货，来掩饰自己可怜的虚荣和自尊。

所以艾明雅早就说过，"我买的不是包，是鸡血啊！"我深表赞同，有时候，那些昂贵的，闪闪发光的物品，就是我们奋斗的动力啊。这不是拜金，更不是虚荣，而是一种昂扬向上的、积极的人生态度。

无论如何，别浪费你的人生。

免费的才是最贵的

我的一个朋友抱怨，说前段时间回老家，由于飞机深夜时分抵达，彼时机场大巴和公共汽车早已停运，朋友舍不得花 200 块叫出租车，便约了同学开车来接。

非常不凑巧，那同学的车子路上出了点状况，被扣了分还罚了钱。朋友过意不去，代他交了罚款，又请客吃饭以示歉意和感谢。

"本来想着免费，结果赔了钱又欠了人情。"朋友慨叹不已。

我说："你早该知道，免费的才是最贵的。就算那天你同学的车子没有出状况，你也欠下了人情，为了 200 块车费，值得吗？欠下的总是要还的。"

朋友若有所思地笑。

相信很多人都有过类似经历：在百货公司逛街甚至随便走在一条路上的时候，总有殷勤的销售人员来推销免费的化妆品试用装、免费的饮料、免费的体验卡、免费的课程试听……

免费的诱惑无处不在，像一张饥饿无比的大网等着你委身自投。可是，和大多数人一样，我并不是一开始就可以理智地做到拒绝免费的东西，甚至没有意识到其实免费的东西最贵。之所以这么说，不仅仅是因为被免费而无用的东西占据大量的时间和精力，还有不易被察觉到的一点是，因为免费看起来很美，你会轻易原谅它低劣的质量。

记得还在念研究生的时候，我的一位学姐特别喜欢街边发放的免费纸巾。那种纸巾通常质量非常低劣，外包装印着某某人流医院的广告。除了免费纸巾，她每次出差住酒店，还喜欢带回免费的洗发水、沐浴露、一次性拖鞋和牙刷。后来连买面包也要等到8点钟之后的半价，买卫生巾要花很久的时间去比较每个牌子的性价比。

如果一个人长期被免费而低劣的东西占据注意力，会很容易陷入低层次的思维模式，而忘记了重要的事其实是努力追求高品质的生活。

毕业工作之后，为了节省开支，学姐去租最廉价的半地下室，住的地方离公司很远，她每天要花3个小时在通勤的路上。当同学们都忙着恋爱结婚或者考证升职的时候，她永远没有时间，永远在忙着省钱，把生活过得越来越粗糙。

免费的东西总是不容易被珍惜的。免费的培训课程报了名，出席的概率屈指可数；免费的试用装拿回家，可能放一段时间就扔进了垃圾桶；免费的资源占据你硬盘大部分的存储空间，等到真正找需要的东西时，又恨不得自动屏蔽掉那些无用的信息。

免费的游戏看起来极具诱惑，可是等到真的沉迷进去，不仅耗费大量时间通关打怪，买装备又不知不觉花了不少钱；你以为找一个备胎陪吃陪玩是免费的，事实上正在消耗着你的生命和机会成本——用这些时间在喜欢的事情上下功夫，也许早就实现了梦想；用这些时间去寻找真爱，可能会早一些遇见Mr.Right。

毫不夸张地说，你以为免费给你带来占了便宜的兴奋感，事实上它正一点一点地腐蚀着你的生活。

我们小区的一位阿姨，前段时间花 1 万多块买了个磁疗仪，她的女儿得知了此事，按照品牌在网上搜索，发现其实只要2000 块就能买到同类产品。为什么一向俭朴的阿姨会花费如此高价购买？因为在此前的好几个月，磁疗仪的导购小姐每个周末都邀请她去免费体验。

免费的按摩，免费的茶水点心，还有贴心的陪伴和聊天。免费体验了几个月之后，阿姨自己觉得有点不好意思了，加上产品效果确实还不错，虽然价格是比较贵，阿姨还是一咬牙买了下来。

我的一个朋友，有一次在微信上买了个包，商家送了她几片面膜的免费试用装，说这个品牌的面膜是她一位朋友研发的，还承诺她如果购买面膜，可以帮她拿到售价五折的价格。朋友心动了，一举买了 10 盒面膜，可是一盒还没有用完，脸上就长了很多红点，特别痒。后来媒体曝光，这些所谓的微商品牌的面膜和化妆品，其实都是三无品牌。

免费的诱惑，就是这样一点点攻陷了一个人理性的堡垒，当事人往往为此付出更高昂的价钱。免费其实是另一种形式和价格的付费，因为没有任何人会真正提供免费的东西，天上永远不会掉馅饼。

因为职业是写作的关系，我经常需要在网上查阅一些资料，看一些纪录片和电影。一开始我也不舍得花钱去购买资源，在免费的网站上搜索如大海捞针一般，耗费了大量的时间，而且盗版的影片不仅画质低劣，还往往插播大量的广告，要么就是播放到十几分钟忽然跳出来试看结束，需要付费购买。

被免费的资源折磨到神经衰弱之后，我终于肯花钱去购买付费的产品和服务。付费，看起来是花了钱，其实节约了大量的时间成本，使工作更加高效，心情也随之更加愉悦。

小时候我的爸爸总是教育我，爱占便宜的人一定会吃大亏。他曾经给我讲过这样一个故事：乡下的一位小商店老板骑三轮车去城里进货，当他拉着满满一车货返回乡下的路上，忽然看到路边有一捆百万大钞。于是他兴奋地下车去捡那捆钱，结果捡起来才发现只有一张是真钱，而他回身一望，三轮车和一车的货物已经被人抢走了，他这才回过神来，原来是中了圈套。

这个故事也许有夸张的成分，但是人性的贪婪和侥幸却是如此存在于我们每个人的基因里。因此在受到免费的诱惑时，我们不妨想一想会付出什么代价。

在我看来，成长的意义在于，你不再会去追求高性价比的物品，甚至高性价比的人生。一件衣服买来再便宜，如果只是挂在衣橱里，也是毫无价值的；免费的东西再诱人，如果它并不能真正令你心动或者为你提供有价值的服务，也应当断然拒绝。人的时间是最宝贵的资源，用有限的时间和精力做真正喜欢的事，陪伴真正想要陪伴的人才不枉此生。

真正理性的人，是高度自律的，也是自我掌控的，包括对免费的诱惑的抵制，对喜欢的事物愿意真正为之付出和承担。因此需要警醒的是：不要把有限的时间花在追求免费和便宜上，而是应该沉下心来，想一想真正想要的是什么，并且专注地为之倾注才华和努力。

别让赞美成为你的枷锁

下班路上听一个读书会的节目，有一期讲到教育孩子，观点是要给孩子无条件的爱和安全感。但是很多父母自己都没有安全感。他讲到一位母亲，这位母亲去开家长会，回到家之后非常歇斯底里，因为老师没有表扬自己的小孩。别的小孩都被赞美或表扬了，唯独自己的小孩没有受到半句的表扬，她很崩溃，觉得自己的孩子真的不够好。

这位母亲为什么那么在意老师的赞美？因为她没有建立内在的价值体系。只有当别人肯定她的时候，她才觉得自己是好的；别人没有赞美她，她就觉得自己不好。

前几天收到一封读者的来信。信中是个满腹委屈的新婚妻子，问我为什么她处处低眉，事事忍让，倾尽全力照顾家和丈夫，仍然没有得到丈夫的一句赞美，甚至动辄遭到指责和谩骂？

她家的日常是这样的：丈夫下班喜欢喝酒，每次酩酊大醉，她都一边温顺地为他收拾呕吐物，一边递上醒酒汤，好言相劝几句，丈夫非但不领情，反而嫌她啰里啰唆。丈夫从来不做家务，在家就是个饭来张口衣来伸手的爷，东西随手乱扔，她稍加提醒，必然招致责骂甚至是人身攻击。

我看得惊恐万分，这哪里像新婚夫妻的生活，简直就是一个百般讨好的奴仆和高高在上的国王。

我们为什么需要别人的赞美？

威利·詹姆斯说："人性至深的本质，是被人所重视。"这没有错。但是如果一个人太过看重别人的赞美，可能是因为他没有建立清晰的三观和核心自信。一个不自信的人，很容易活在外界的价值体系里，别人的赞美就有可能是他的枷锁。没有建立内在的价值体系，把对自己的认知建立在外界的评价体系中，是我们内心安全感匮乏的根本原因。

我想起我小时候，是那种典型的"别人家的小孩"，每次考试总是前三名，担任少先队大队长、班长，在学校里面是风云人物。总是收获老师和家长的赞美，因此我的虚荣心特别强，去外校参加比赛，也要特意戴着大队长的三道杠，平时对怎样取悦老师和家长很有一套。

那时候我真的快乐吗？不，我每天都诚惶诚恐，担心哪件事做得不好，或者哪句话说错了，老师或父母就不再喜欢我。

长大之后，我却成了和小时候截然相反的人：讨厌规则，讨厌形式主义，在集体中喜欢做一个边缘人物，是个不折不扣的自由主义者。现在想来，小时候的我，做了那么多违心的事情取悦老师和父母，就是被赞美绑架了。

被赞美绑架的事情很多，比如全世界都在歌颂赞美母爱，我有时候觉得这不过是男权世界的阴谋。母亲是伟大的，所以你必须要为家庭为孩子付出，不然你就不是一个合格的妈妈。其实这种对母爱的赞美，成了很多职场妈妈的心灵枷锁，她们会为加班回家晚了就对家庭和孩子愧疚。

很多姑娘一直很懂事，也被一直称赞为好姑娘，总是为别人考虑很多，可是别人未必重视她。好男人总是被"坏"女人吸引，渣男收割机却大多是好姑娘。为什么？因为你太在乎别人的肯定和赞美，有时候会不自觉得变成圣母心。比如来信中那个妻子，总是压抑自己，取悦丈夫，力求做到无懈可击，最终换回的可能并不是他人的认可，而是自己的失衡和抑郁。

我们身边也有很多这样的人，他们听不得别人的好话，一句赞美就可以让他违背自己的本意，做出自己本来不情愿的事。

我有一个亲戚，自己本来也没什么钱，可是他的朋友们总喜欢跟他借钱，每次他都不想借，但是每次他都不会拒绝。为什么呢？因为他是那种没有社会地位的人，又强烈渴望得到别人的认同肯定，对别人的溢美之词毫无抵抗力。所以即使理智上并不情愿，几杯酒下肚，一筐好话一听，就稀里糊涂答应了，使得他本来就拮据的家一贫如洗。

很多人也深谙此道。当需要请求别人帮助的时候，放出"我喜欢你"的大招，经常可以拉近两人的距离，轻而易举把事情办成。

当一个人建立了核心自信和清晰的三观，他就不会被外界的评价影响，不会被别人的赞美绑架。

你喜欢我，我不会因此觉得自己很棒；你不喜欢我，我也不会因此觉得自己很差劲。因为我知道，我真的很棒，我对自己非常满意。不管别人认同与否，我都喜欢自己。所以面对赞美，有时候你也需要小心，你不需要去迎合他们，你只需要做真实的自己，依据自己内心的准则去做事。

别让赞美成为你的枷锁，因为一旦被他人的赞美绑架，你可能会潜意识里总想要取悦别人。心理学家把这种心理和行为模式叫作取悦症。

你对他人的认可上瘾。取悦者会执迷不悟地把自己看成是好人，而且认定别人也这么看。为了始终保持好人形象，你就不能表现出愤怒和不悦，不管这样的情感表露多么正当。而且，你会避免批评别人，以免被别人批评。你把对抗和愤怒看作是危险的情绪体验。

心理学家武志红有篇文章分析过小甜甜布兰妮为何走向癫狂

和毁灭。他认为小甜甜剃光头发后发出的那句"妈妈会疯掉的"，透露了她内心的秘密：她要用这种极端的方式，反抗妈妈的意志，不再取悦妈妈。

当巨星并不是布兰妮的梦想，而是妈妈的梦想。为了取悦妈妈，为了得到妈妈的肯定和赞美，布兰妮从 3 岁开始学习唱歌和舞蹈，一步一步走上巨星的道路。可是即使获得了巨大的成功，因为这一切并不是她自己的意志，所以她委屈、愤怒、痛苦，最终走向自毁。

她在马里布的勒戒中心不断说"我是冒牌货，我是骗子"，还有她在大街上不断央求普通人与她合影，都是同一个含义：这个曾被称为"美国偶像"的天王巨星，不喜欢她的巨星形象，不认为演艺方面的成就是她自己的，其实她自己的意愿，只是想做一个普通的小女孩。这也是取悦者普遍的困境。为了他人的认可和赞美，可能用自己的一生作为祭品。

如何破解这样的心结？

你要纠正认知，告诉自己，我很重要，我不需要时刻活在他人的赞美里。

你很重要，你的情绪、感受也很重要，所以你不要为了取悦别人，而压抑自己的真实感受。如果别人让你感觉愤怒，就表达出你的愤怒。有时候你表达了自己的原则和底线，别人反而更加尊重你。

压抑自己取悦别人，必然会委屈。你的委屈是有能量的，它会传递给亲密的人，如果你一直是压抑和委屈的，你的另一半会感受到，他会觉得自己很无能，会因为自己的无能而愤怒。所以他不会感激你，反而会使你们的关系恶性循环下去。你要明白，只有你快乐了，才能经营好亲密关系。

关于取悦，心理学家兼管理顾问布莱克有本书叫《不当好人没关系》，他向习惯于取悦的人们疾呼，不当好人也没关系，请为自己而活。

所以，从现在开始，试试放下好人"包袱"，不再取悦和迎合别人，别让他人的赞美成为你的枷锁，诚实面对自己内心的需要，勇敢地表达自己的情绪。

所谓高情商，才不是"好好说话"

有篇流传甚广的文章谈论情商，"所谓情商高，就是懂得好好说话"，列举了31条"好好说话"的技巧，比如——

把"不对"，统统改成"对"；
赞美别人的时候不要太空泛，要赞美细节；
安慰别人的方式之一是，讲点自己的惨事；
把心里的小猥琐讲出来，会更讨喜；
等等。

乍一看，是有道理，并且非常容易操作，就像拿着一本情商手册，逐条照做就OK，所以很受追捧。但是，做到这些就真的是高情商了吗？高情商就是让别人喜欢你吗？这样的鸡汤盛行，难道不是因为它迎合了大多数人的思维懒惰和急功近利吗？

在我的理解里，高情商才不是"好好说话"，也绝对不等同于合群和受欢迎，99%的人都误解了情商的真正含义。

所谓情商，是一种情绪智力，主要指人在情绪、情感、意志和耐受挫折方面的综合品质。美国心理学家认为，情商包括四个方面的内容：一是认识自身的情绪；二是能妥善管理自己的情绪；三是自我激励；四是感知他人情绪的能力。

情商高低有哪些表现呢？怎样才是真正的高情商？

1. 情商高的人情绪稳定，情商低的人容易失控

为什么有的人容易愤怒？有的人打不通男朋友电话就失控？因为他们情绪管理出了问题，也就是情商不高。

我一个大学校友，长得很美，是公认的校花级人物，追她的男生排成长队，她交往的男朋友非富即贵。但是最近却听闻校花离婚的消息，还是男方主动提出的，校花无论怎样挽回都于事无补，我们错愕、惊叹之外，都很愤愤不平。长得那么漂亮还会被男人甩，真不知道我们这样的普通姑娘要怎么活。

直到有次一个和她比较熟悉的同学告诉我，美女太情绪化了，一旦打不通老公的电话，就会失控，明明知道他在工作，却要一直打一直打，直到手机打没电。这还不算，她极度没有安全感，非常容易性情大变，一言不合就摔东西，赌气说离婚。结果去年老公真的带着孩子离开了她，美女这才意识到自己太任性，透支了丈夫的爱和忍耐度。

一个高情商的人，他首先能够客观评价和认识自己，能够体察自己的情绪，理解情绪的内心根源，并且可以逐渐超越它，最终控制和管理它。

听过一个这样的故事。一个女人在结婚有了孩子之后，丈夫渐渐审美疲劳，对公司的一个实习生小姑娘动了心。渐渐冷落妻子，他当然是愧疚的。可是每次忙完外面的事回到家，妻子永远做好汤羹给他当作夜宵，也不会责问他；每当他看到妻子陪伴孩子快乐玩耍的身影，那样的单纯快乐，和睦融洽，渐渐让他心里坚定：和妻子这样的女人在一起是幸福的，一定要珍惜。

女人也许并非不知道丈夫的小心思，但是她可以把不可控变为可控，她懂得体察和控制自己的情绪，而不是任由不安和猜疑像洪水猛兽一样一发不可收拾。其实提高情商就是把不能控制的情绪变得可控。情绪稳定的人，才能把生活过得充满诗意和乐趣。

2. 高情商的人自我激励，低情商的人容易放弃

高情商的人意志力和抗压能力强，所以在做同一件事情的时候，更容易取得成功，因为他们会自我激励；而情商低的人，遇到一点挫折可能就意志消沉，容易放弃。

大学的时候，大家可能都有过做兼职的经历。我大一的时候，

和两个同学一起卖手机，就是拿着商家给的广告单页，一个一个宿舍去推销。象牙塔里长大的孩子，大多数都没有过推销的经历，刚开始我们都很不好意思，因为害怕被拒绝，也担心被同学嘲笑自己"利欲熏心"。

所以很快，有一个同学就放弃了，因为在推销手机的过程中，她受不了别人的冷嘲热讽，那些挖苦的语言像刀子一样戳心，她一点点消磨了耐心和自信，干脆不做了，承认自己不是销售那块料。而另一个同学，则在一次次失败和冷言冷语中总结经验，寻找更好的营销方法，最终做得风生水起，在学校小有名气，毕业的时候不仅已经偿还掉大学四年的助学贷款，还给老家的父母翻修了房子。

同一件事情，不同的人去做往往会有不同的结局。差别就在于情商的高低，也就是人的意志力和抗压能力，是否可以把目标作为导向，不断自我激励，超越那些挫折和困境。

3. 高情商的人善解人意，懂得分寸；低情商的人讨好迎合，过犹不及

其实，并不是一味讨好和赞美才是高情商。不分场合，不分轻重的赞美，有时候适得其反。

我以前公司就有这样一位女同事，自认为特别会来事儿，对

你走的弯路
每一步都算数

谁都是狂轰滥炸地夸一顿，一次两次还好，听的人虽然明知道是假话，却也非常受用。让人受不了的是，她不分场合和轻重的赞美，有时候会让气氛很尴尬。

有一次，部门领导前一晚应酬喝多了酒，第二天在单位的卫生间吐，我们从走廊经过，都知趣地假装没看见，免得领导尴尬。这个女同事呢，外出午餐的时候，刚好在电梯碰到领导了，不停夸赞他全心全意扑在工作上，为公司付出很多。结果领导脸都白了，很尴尬。

在感知和处理他人情绪方面，高情商的人善解人意，懂得分寸。

印象很深的一件事，读研究生的时候，我爷爷去世了。我一个好朋友陪我去了殡仪馆，她没有一味地安慰我节哀顺变，也没有讲自己的惨事讨我开心，而是一直默默陪在我身边。等到一切事情处理完的时候，我在回来的路上放声大哭，她也没有试图安慰我，而是轻轻拍着我的背，让我把悲伤的情绪发泄完，后来抱了抱我。她全程没有说什么话，只是静静地陪着我，我当时觉得特别温暖和感动。

所以你看，情商高并不代表你要巧舌如簧，八面玲珑，有时候静默的陪伴，懂得和接纳别人的情绪，才是对方想要的。其实归根结底，真正的情商高是对人性的深刻洞察；是懂人，懂自己要什么，也懂别人要什么。

哈佛有个教授，叫丹尼尔·古尔曼。他说："情商是决定人生成功与否的关键。"可是什么是人生的成功？我觉得不是你挣了很多的钱就是成功，而是你是否按自己的意愿过一生，是否活出了真正的自己。

所以我认为，高情商的第一要义就是懂自己要什么，并且不断自我激励，将梦想付诸行动，而且以平常心面对那些生活中的挫折和坎坷。简言之，高情商的人可以掌控自己的人生。很多人觉得人群中呼朋引伴，侃侃而谈的那个人就是情商高。其实往往一群人中最安静的那个才是最有实力的。高情商也是理解和接纳，是处理关系的时候，懂得别人要什么，会站在全局去考虑每个人的利益，实现共赢。

一个真正高情商的人，实际上是那种有着清晰的三观，在人生每个阶段，都能找到自己的坐标和乐趣的人。他会觉得这个世界很美好，人和人之间的关系也很美好，并且能够创造和谐、共赢、轻松愉快的人际关系。

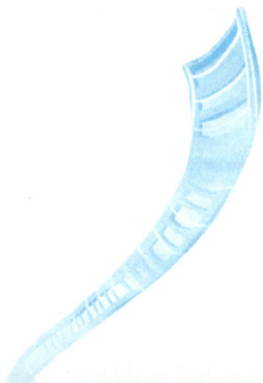

20 几岁的时候，我们都想变得更好，可是成长的路上并不是一片坦途。可是我一直相信，阻止我们变得更好的，不是别人，不是机遇，也不是环境，而是我们自己。那些没能打败你的，最终让你变成了更好的人。

别在最该奋斗的年纪，选择稳定

亦舒有一部小说叫《我的前半生》，讲了这样一个故事——

女主角子君，大学毕业之后就嫁给了涓生，成为一名医生太太，过着优渥而稳定的家庭生活。她不屑于去职场谋生，觉得打字机前枯坐一天，不过收入区区几千块月薪是非常辛苦的划不来的事。

就这样在婚姻生活里稳定了十几年，生养了两个孩子，一切看起来富足而又完美，有一天丈夫突然提出要离婚，因为他爱上了女明星。

子君震惊、气愤，伤心在所难免，然而一切无法挽回。她没有想到十几年稳定的生活这样不堪一击，而这个时候她已经 33 岁，无任何职业技能傍身，却也只能重整旗鼓，吞下一切苦楚。

女性不独立固然可悲，可是就在今日，仍有很多年轻人一毕业就想着选择稳定的生活，最好一世得以保障，没有去面对风浪、与不可知命运搏击的勇气。

我的一个朋友，清华硕士毕业，本来可以留在北京的一家大公司工作，可是因为父母在家乡给他找了稳定的工作，又安排了一位极为门当户对的姑娘相亲，所以这位朋友在半推半就之下，竟然辞掉大公司的工作，回家乡进了国企，并很快结婚生子。

我无意于评价他人的选择，只是这位朋友在数年之后，泪眼婆娑地控诉当初的想法多么蠢钝，为了免于辛苦和压力，放弃了大城市的工作机会，可是所谓的稳定并没有带给他满意的生活。

就在前年，他所在的单位不景气，开始轮岗工作，每个月只发放两千块生活费，连基本的生活都无法保障。无奈之下，他狠心辞了职，带着年幼的孩子赴京读博士。虽然这一程曲折又艰辛，但朋友笑说，年轻的时候逃避掉的，迟早会追回来。别在最该奋斗的年龄，选择稳定。

很多父母和长辈觉得心疼自己的小孩，希望孩子毕业之后按他们的想法找个稳定的工作，成个稳定的家，这样就会少走一点弯路，就可以避开生活中的那些风雨和泥泞。

其实真正的生活必然是充满坎坷和曲折，泥沙俱下的。所以我们年轻的时候，不能因为害怕吃苦就去逃避生活的真实面貌，而是应该顺应自己的内心去选择和经历。真正的稳定，不是一份工作、一栋房子、一个婚姻，而是你有勇气和信心面对人生的一切风雨，有能力让自己过上喜欢的生活。

我的很多朋友，也都在20几岁的时候，疯狂地去折腾和探索，他们没有选择稳定，没有被世俗的价值观和评价左右，可能别人看起来不靠谱不稳定，可是他们活得特别精彩，也最终获得了属于他们的安稳和幸福。

我的朋友剑剑，26岁那年从新华社辞职，放弃了稳定的工作和生活，他注册了公司，召集了几个朋友，在北四环边上租了个简陋的办公室，就开始风风火火地创业了。创业做什么呢？卖早餐。

剑剑当时顶着巨大的压力，把自己的积蓄全部投在这个项目上，他说："最艰难的时候，是创业半年左右，每天凌晨两三点钟就起床，一个礼拜只回家睡一天。跑到优衣库买一堆那种29块钱的T恤，穿完一件就扔一件，根本没有时间去洗。那段时间感觉要撑不下去了，因为我们自己前期投入的钱已经差不多花光了。然后我就跟我们团队说，可能这次创业要到此结束了……但是很幸运的是，7月份的时候我们就拿到了投资。从见投资人到钱进入公司账户，前后一共9天的时间。"

剑剑和我聊这些往事的时候非常平静，那些深刻的情绪，都已经化解在淡淡的表情里。我知道那些冷嘲热讽还有家人的担心，对他来说不是没有压力，可是怎么办？唯有孤注一掷地努力啊。

剑剑的早餐品牌现在已经做得很好，从北京发展到了成都，团队也越来越壮大。我们也聊起体制内的生活，他淡淡地说："那不是我要的生活。别人觉得我出来创业不靠谱、不稳定，迟早还得回去，可我还就偏要做出成绩。"

一个人在很年轻的时候，特别清楚自己要什么，能够坚持追求自己内心的向往，不被年龄、舆论的压力和内心的恐惧打败，真的非常难，需要勇气，更需要智慧。从剑剑身上，我看到了那种勇敢和智慧的光芒；他的成功，也给那些劝他趁早放弃的人，一记响亮的耳光。

我的另一个朋友佳佳，是个 90 后的姑娘，她在大学毕业之前，已经用半工半读的工作签证方式周游了世界。当时，她的同学们都在忙着找工作或考研，学校里老师和辅导员都觉得佳佳太"不靠谱"，好几次威胁说她玩够了就回来干正事吧，不然就通告家长。

如今，这个姑娘已经熟练掌握四门外语，凭借丰富的阅历和出色的能力申请到了法国一所一流大学的奖学金，现在已经毕业留在巴黎工作了。

佳佳从小就有着环游世界的梦想，可是爸妈都是工薪族，根本没有富余的钱带她出国开眼界，在读大学之前，她去过最远的地方就是省城合肥。有一天，她在网上看到可以申请新西兰的工作签，可以在当地一边打工一边旅行，签证有效期是一年。所以她就申请了这个签证，用两个月的时间在新西兰跑了一圈。

在新西兰她打了各种工：除草、喂猪、赶羊、挤奶、刷篱笆、种花……后来每个寒暑假，佳佳都申请出国打工旅行，她在欧洲旅行得最久，自学了法语，并在毕业后，通过自己的多语言能力和丰富的社会经验，申请到了法国最好大学的奖学金，去了法国留学。

曾经在国内大学里，佳佳是个"不靠谱的""离经叛道"的差学生，现在她的经历成了同学们羡慕、老师们称赞的榜样。

佳佳跟我说，你想要什么样的人生，就去追求，别人说你太任性，但你绝不要怀疑自己。没有钱，就去赚，想看的风景，用自己的双脚去丈量。最可怕的不是贫穷，而是庸俗；是明明随波逐流，却安慰自己平凡可贵。

我们都曾被告诫，稳定的生活高于一切，却很少有人告诉我们，趁年轻去追求你心中的梦想，你真正热爱的生活和事业。

很多时候，稳定只是一种表象，这个世界唯一不变的就是"变化"本身。你以为嫁了一位良人，生活无忧，孩子乖顺，就可一生安稳，却不知爱人有离开你的可能。你以为有了一份稳定的工作，就可以高枕无忧，却没有料想，时代瞬息万变，今日风光的企业，也许几年之后就销声匿迹。

在我看来，青春的意义不是"靠谱"和"稳定"，而在于"探索"和"找寻"，年轻不该是"狭隘"和"妥协"，而是"包容"和"创造"。

其实很多年轻人都不安于所谓的稳定：做一份寡淡的工作，谈一个看似正确的恋爱，然后进入相夫教子的家庭生活。我们喜欢华服美食，想要去世界各地看一看，喝最烈的酒，谈最有趣的恋爱，做自己喜欢的工作，难道不才是年轻该有的样子吗？

哲学家尼采说："对待生命你不妨大胆冒险一点，因为你好歹要失去它。如果这世界上真有奇迹，那只是努力的另一个名字。生命中最难的阶段不是没有人懂你，而是你不懂自己。"

因为不懂自己，所以我们看着别人都在追求着岁月静好的稳定，以为那就是自己的人生目标。可是别忘了，其实每个人的人生都是殊途同归，关键是你经历了怎样的路途。你在生活这条单行道上，有过怎样的憧憬和追求，才是最最重要的。

别在最该奋斗的年纪，选择了稳定；岁月静好，留给 60 岁之后的人生才比较完美。

你走的弯路
每一步都算数

20 几岁的时候，我住在北京

清晨 6 点钟乘地铁去上班，耳机里是好妹妹乐队的《一个人的北京》，我望着玻璃窗上自己的影子，忽然有点泪湿。嗯，这里是北京，拥挤的，自由的，让你忍不住踮起脚尖转个圈的，让你在人群中找回自我的，北京。

这曾是我一个人的北京。

海明威在《流动的盛宴》里说："假如你年轻时在巴黎生活过，那么你此后一生中不论去到哪里她都与你同在，因为巴黎是一席流动的盛宴。"

巴黎换成北京，就是我的整个青春。

20 几岁的时候，我住在北京，把漂泊过成了日子；把形而下的艰辛，过成了形而上的浪漫。我一个人读书，写诗，流泪，漂泊，远行，住在一个令人倾倒的城市。我知道今后无论去到哪里，北京会一直跟随着我，因为它是命运的胎记。

第一次到北京是 1998 年，我初中一年级的暑假。跟着妈妈，姥爷，带着表妹莹莹，四个人坐了十几个小时的火车到了北京。北京给我的最初画面，就是嘈杂拥挤的北京西站，雾气蒙蒙的天安门广场。那天刚下火车，我们就去参观天安门，我和莹莹爬到天安门城楼上，眺望着巨大的北京城。

这是一座恢宏的巨大的城，总让人喟叹皇城泱泱，山河浩荡。长安街无比宽阔，整个城市高楼林立，高架桥四通八达，地铁呼啸而过。在此之前我几乎没有出过县城，不得不臣服于一个城市居然可以如此辽阔，又如此立体，大而无边，丰满鲜活。

2003 年，我到北京读大学，2007 年毕业离开；2009 年又回到北京读研究生，2012 年研究生毕业留下来工作。

那一年为了庆祝毕业，我去走了一趟丝绸之路，在西安见到 Allen，他刚刚从北京的办公室调来工作。举杯的时候 Allen 告诉我："留在北京是对的，那个城市不适合我，但不一定不适合你。"在人头攒动的饭馆里，我又想起他快要离开北京的那天，我们坐在北京 CBD 的一间餐厅里，说起他的离开。
"许多人来来去去，相聚又别离，也有人喝醉，哭泣，在一个人的北京。"
这个城市对一些人来说，是追梦的热土；而对另一些人，又何尝不是华丽的囚笼？

2012 年我毕业，拿到北京户口，进入很多人羡慕的央企，生活才刚刚开始向我展现它的真实面目。

我在公司附近租房子，那点微薄的薪水不可能奢望租个独立的一居室，只能找合租。在寸土寸金的五道口，几乎每套房子的客厅都被中介做成了隔断间，三居室至少有 4 户人家合住。推开房门就是令人窒息的压抑和逼仄，厨房和卫生间等公共区域堆满垃圾，充斥着底层贫困的气息。

平均每半年就要搬一次家。因为你不知道隔壁房间又换了什么人，因为租期一到，中介就必然会涨价。我把整箱整箱的衣物堆在阳台，一切都是临时的气氛，过季的衣物根本没有必要拆开，因为可能还没到那个季节，就又要仓皇离开。

在北京有很多这样的年轻人，在高端写字楼上班，穿着光鲜亮丽的职业装，拿着还不错的薪水，业余生活丰富多彩。我们看话剧，看演出，看画展，逛博物馆，或者去后海漫无目的地晃荡，和朋友约在咖啡馆聊文学，电影，旅行……全世界有趣的人都在这里，你会觉得每天都像生活在云端，也许下一秒就有奇妙的际遇。这样的人生是一袭华美的袍，只有回到逼仄的住处，才看得到袍上的虱子。

有一次停电，我们几个女孩从闷热的房间冲出来，轮番给中介打电话，可是无法解决。那么多年建立的信心和骄傲，在那个停电的夏天夜晚，瞬间土崩瓦解。摸黑在卫生间淋浴的时候，我放肆地哭了出来，为什么把生活过成了这样？

保罗·格雷厄姆在著名的《市井雄心》里说，最终决定一座城市是否吸引我们的，是它是否满足我们对生活的雄心。雄心高低决定着我们可以多大程度地忍受环境并追求自我可能性。你要是在一个城市过得很自在，有找到家的感觉，那么倾听它在诉说什么，也许这就是你的志向所在了。

是的，因为嫌故乡太小，我把自己推向一个巨大的城市，一头栽进自己的命运。很多次，我曾在卫生间或者无人识的街头痛哭，怀疑这个城市是否真的有我的位置。

很多次，我独自拉着行李出现在机场或者火车站，出发或者抵达，没有人接送，我也不需要跟任何人告别。北京好似一个巨大的空城，2000多万人聚居在这里，可是没有一个重要的人真的关心和在乎你。

面对北京的巨大无边，我是多么渺小；面对它的鲜活丰富，我又是多么贫乏苍凉。

每一次飞行在这个城市的上空，飞机快要降落的时候，你会看到整齐划一的四方城，明亮璀璨的灯火，那么绚丽迷离，像熠熠星空，闪烁着光芒。它仿佛永远没有黑夜，你哭泣着，孤单着，却因为那些灯光，觉得前方一定有光明在等着。

我就这样怀抱着自己的"市井雄心"，在这个城市里一年年住了下来，试图生长出自己的枝蔓，把生活的触角伸向更远的地方。

通过互联网，我认识了很多居住在这个城市的各行各业的年轻人，我们常常穿越几十公里，到达市中心聚会的饭馆里，觥筹交错，流光溢彩。流水般的聚会，你可能记不清每个人的名字。可是因为孤单，我们需要热闹的饭局、临时的陪伴，去抵抗这个巨大城市的冷漠、虚无和幻觉。

有时候，你听着那些刚刚认识的陌生人，聊着创业，聊着年薪百万，在酒杯与酒杯的碰撞之中，好像眼前展现的画面，是万千生命的渴望汇成一座热气腾腾的大城。你梦想着有一天，这个城市的万家灯火中，有一盏灯是属于你的；你望着二环路上川流不息的车辆，想象着有一天摇中了车牌号，有一辆车是属于你的。

生活在一个大城，与生活短兵相接，你是孤独的，像个悲壮的英雄。

诱惑有时。当你认识了一个还不错的约会对象，坐在他奔驰车的副驾上，跟他去西餐厅吃饭，去电影院看电影，你幻想着也许真的可以跟他结婚，也许那些所谓的三观相契并不那么重要。

摧毁有时。当你在职场飞檐走壁，要摧毁之前封闭的、敏感的、玻璃心的那个小女孩；成熟，冷静，职业化，是你的新标签。你来不及和自己挥手作别，就要奔赴下一个战场。

建造有时。当你走进人群，又从人群中找回真正的自己，如同把心中那个随遇而安的胖兔剥离，唤出一个清醒的、对命运和无常时刻保持警醒的灵魂。你一刀一刀雕琢出自己全新的轮廓，融于现实泥沙俱下的生活。

在大城市，生活的重重压力，已经需要你用尽所有力气，去挣得一份立足之地。那些在旅行时才会鲜活的感官，在钢筋水泥的森林里常常被封闭了起来，像患了失语症。可是，我还是会经常探出头来，呼吸一下新鲜自由的空气。

我最喜欢这个城市的秋天，天空澄澈高远，蓝得一望无际。路边笔直的杨树，叶子变得金黄，然后一片片飘落下来。总有微风，帮你吹散心中的雾霾，或者一场小雨，为你营造浪漫的诗意。北京的秋天，郁达夫在《故都的秋》里这样描述过——

> 在南方每年到了秋天，总要想起陶然亭的芦花，钓鱼台的柳影，西山的虫唱，玉泉的夜月，潭柘寺的钟声。在北平即使不出门去吧，就是在皇城人海之中，租人家一椽破屋来住着，早晨起来，泡一碗浓茶，向院子一坐，你也能看得到很高很高的碧绿的天色，听得到青天下驯鸽的飞声。从槐树叶底，朝东细数着一丝一丝漏下来的日光，或在破壁腰中，静对着像喇叭似的牵牛花（朝荣）的蓝朵，自然而然地也能够感觉到十分的秋意。

如果没有雾霾，我也喜欢这个城市的冬天，特别是一下了雪，紫禁城的红墙青瓦，铺满洁白的愁绪，北京立刻就变成北平。春天当然也是曼妙的，你可以去平谷看桃花，去玉渊潭看樱花，去法源寺赏丁香花，还有凤凰岭的杏花，中山公园的郁金香。到了夏天，你可以去北海公园划船，看荷花；去三里屯的露天酒吧喝一杯。

我有时候喜欢坐地铁漫无目的地晃荡，到了鼓楼大街，就去南锣鼓巷转转，去后海听听流浪歌手唱歌。到了西单，就到销金窟里转一圈，围着星光熠熠的柜台，凝视一颗闪烁无比的钻石，跑到无比冷峻的爱马仕，抚摸上好皮革的纹理。

最近几年，我也有朋友相继离开。2014年，蚊子离开北京，去了菲律宾，2016年，谈聪离开北京，回到家乡贵阳。而漂泊的继续漂泊，尘埃落定的就让他落定，都是青春无悔。

20几岁的最后一年，我结婚了，买了房子，终于结束在这个城市的漂泊。30岁，我和先生也离开了北京，去另一个城市生活。北京，对我来说，已经变得遥远而模糊，却又仿佛长在血脉里，那么深刻又清晰。

感谢20几岁的最好年华，肆意飞扬的青春时光，我住在北京，真切地体验过这个城市的繁华和落寞，包容和开阔，真诚和勇气，还有那些孤独而艰难的时光，都化在了形而上的浪漫里。

北京也是一席流动的盛宴，因为我知道，年轻的时候我在这里生活过，它对我的塑造和改变，将会伴随我一生。

那些独自用力的时刻

第三章

CHAPTER

3

成功是每一天坚持后的水到渠成

　　最近，不少朋友对我从一个石油工程师，跨界到做全职的自由撰稿人感到很好奇，问我有什么秘诀；更有一些人看到写作可以赚钱，来问我怎样短期内积累到大量粉丝，快速变现。

　　说实话，我真的没有秘诀，更没有快速变现的秘方。如果你认识我十年以上，就会明白真的做好一件事情需要付出多少努力，对于我们这样的普通人来说，哪有什么捷径？只不过，那些独自用力的时刻，你并没有看到罢了。

　　据我了解，现在有不少这样的课程，教你怎样一个月学会写爆款文章，做到多少量级的粉丝。有鸡汤成功学作者，几乎每一篇推送都是教你怎样成为"厉害的人"，大道理讲得天花乱坠，你听完读完也像被注射了一剂鸡血，全身每个毛孔都被点燃，可是然后呢？

　　更重要的是，你真的行动了吗？早期看不到任何回报的时候，周围充斥着质疑和嘲讽的时候，你可以独自用力坚持下去吗？

你走的弯路
每一步都算数

1. 成功无法规划，而是水到渠成

做自由撰稿人是我小时候的梦想，30 岁这年终于实现了。虽然用到"终于"这样的字眼，对我来说，其实还是来得比预期的要早很多，带给我很大的惊喜。

如果说，成功就是可以自由地做自己喜欢的事情，并且可以换取收入，维持不错的生活水准，那么我对自己目前的状态比较满意了。

可是，成功是规划来的吗？我曾经也笃信多少岁之前一定要怎样，把人生每一个阶段规划好，按照时间表紧锣密鼓地去完成，才是最高效最成功的人生。现在我发现，完全不是这样。成功不是规划来的，而是每一天坚持后的水到渠成。

多年前，喜欢玩一款叫"黄金矿工"的单机小游戏，每一个关卡有相应的分数，挖到的金子超过那个分数才能过关。刚开始，我总是紧张地盯着那个分数，心里快速地计算着还差多少分，需要再挖多大的金子，可是通常玩不了几关就结束了。后来干脆不去想分数，不去想目标是多少关，而是每次专注地瞄准金子，结果出乎意料地好。

做事情也是这样。如果你总是盯着目标，想着回报，可能坚持不了多久就放弃了。因为任何一个领域，没有长期的练习和积累，是不会有从量变到质变的飞跃的。

就写作这件事而言，我写了多久呢?

从 2003 年开始在学校论坛原创文学版写文章，基本上保持两三天一篇的节奏。2007 年开始在搜狐博客写，也是平均两三天更新一篇。累积下来，应该快有 100 万字了。哪怕已经默默写了100 万字，想成为一个职业作者也并没有那么容易。

我曾经信心满满地给杂志投稿，但是每一次都石沉大海，杳无音信。也曾有个图书编辑找我合作出书，但是因为我那时寂寂无闻，她让我写好大纲和规划给她，然后又几易其稿，后来也无疾而终。

从 2003 年到 2015 年，中间漫长的 12 年时间，我写作是一分钱收入都没有的，而且自信心遭到很多次打击。当初一起写博客的朋友，现在生活基本上都进入稳定状态，大部分已经不再写作了。

我第一次通过写作可以变现，是 2015 年的 6 月了。当时我的公众号开通了赞赏功能，可以收到读者的打赏。我记得收到第一个5 块钱的时候，我激动得哭了，觉得整个世界都明媚起来了。我用读者赞赏的 5 块钱，奖励了自己一罐可乐，下决心无论如何，一定要坚持写下去。

2. 比梦想更重要的，是行动

为什么你听了那么多道理，看了那么多鸡汤文，依然没有什么进步?

不是道理不对，也不是鸡汤有问题，而是大多数人只停留在被触动的阶段，没有真的去行动。其实很多人都是有梦想的，梦想是我们生命的华彩，让我们热泪盈眶。

可是多少人甚至不敢说出来他们的梦想，所以，多数人选择了惊慌逃窜，逃往功名利禄，逃往结婚生子的安全感，逃到和大家一样，在办公室里谈论房子、股票、孩子的尿片。

这些年，每当我说起我的梦想是成为一个作家的时候，收获的大多是嘲笑。和同事一起出差，在候机室里看书，被阴阳怪气地讽刺："哟，真用功。"很少参加集体活动，独自一人去食堂吃饭，被认定是"一个不合群的怪人"。

午休时间，关了灯的办公室，人们纷纷铺开行军床睡午觉，在一片鼾声里，我终于有了自由的片刻，开始码字，就这样坚持一天一篇，公众号逐渐上了轨道。

如果你真的有过这样的经历，每天坚持一件事，你会明白"行动"的真正含义——旁观者看来，500 天坚持了同一件事，他们会像拉动快进键一样，看到你坚持 500 天后的结果。

可是你身处其中，是真实的每一天每一天在做，你无法预知 500 天后会怎样，你甚至很多时候会怀疑这样是不是错了。

就像在哪怕 3 个月之前，我都没有想到我现在可以做一个自由撰稿人。

这就是行动的魅力。

如果不去做，你永远不知道，在哪一天，哪个时刻，你忽然走到了柳暗花明，豁然开朗。

3. 野心无法成就你，但是热爱可以

前段时间，有一个在国企工作的工程师，他知道我之前也是工程师，所以来咨询我怎样做公众号赚钱。我问他："写作多久了？"他说："从来没写过。"我又问："打算怎么开始做呢？"他说："没有想法，所以问问你。"

我很好奇一个不写文章的人，为什么想到做公众号，他说，因为现在看到公众号赚钱快。

我毫不客气地回答他："那你别想着做公众号了。"

当你看到别人做一件事赚钱了，想去跟风的时候，基本上就已经晚了。并且，最重要的是，这件事你真的了解吗？你真的喜欢吗？你真的擅长吗？

你应该去做什么？不是目前看起来赚钱的事，而是你真正热爱的事。

怎样叫热爱一件事？就是你每天做梦都会去想的事。谈聪说她做梦都在布置气球，而我做梦都在写稿子，做选题，编辑公众号。

我身边很多跨界成功的人，都是因为特别热爱一件事，从零开始做起，越做越深入去探索，越探索就做得越好，最终成为领域里的"意见领袖"。

只有当你真的做特别热爱的事情时，才能激发所有的潜能，召唤你内心所有的力量去做好这件事。

不过，虽然现在"辞职""跨界""自由职业"是很时髦的词，但是我不建议年轻人盲目辞职转换跑道，或者辞职做自由职业者。

因为真正热爱的事不是一下子就能找到的，而是需要你不断去尝试；做事情的方法，在不同行业的工作中都可以去学习和积累，一法通则万法通。

先做好眼前的工作，工作之余想一想有什么事吸引你，是你即使没有回报也想去做好的。然后开始行动，每天踏踏实实去努力，每天进步一点点，你会发现，有一天你的积累会产生巨大的能量，回报给你不可思议的事业。

所以你问我，如何从一个石油工程师跨界到自由撰稿人？我最大的秘诀，就是行动，是很多时刻独自用力，是每一天笨拙的坚持。

你不是一个人在奋斗

看到星姐的文章《6平方的房子能活成什么样儿》，有点泪湿。她毕业后和两个女生合租的三居室，她的房间最小，只有6平方，一个月租金是600块。

就在这6平方的房间里，星姐写出了她的第一本书《从北京到台湾，这么近那么远》。记者去她家采访，没有办法站在房间里，只能一个人在房间，另外两个人站到外面过道去。

星姐说："感谢那些住在6平方房间的日子，好像我内心的一颗宝贵的珍珠，藏在心底，记录着我最青春最努力也最穷困的日子。"

我有一个在国企上班的朋友，每天下了班她就匆匆回家，顾不上吃晚饭，先把一天的网店订单打好包发出去。因为她的父母仍然居于乡下的破屋，她很想早点赚够钱给父母建新房子。国企一个月几千块的收入是不够的，交了房租，付掉饭钱和车费，哪怕不买新衣、不去旅游，也所剩无几了。

所以她一直在做兼职。摆过地摊，为了多卖几双袜子，在寒冬零下 10 度的夜里冻得瑟瑟发抖；做过美甲师，周末挤在密不透风的狭窄店铺里，从早上 10 点忙到晚上 8 点，才收了摊匆匆去吃第一顿饭；接过翻译的私活，每天盯着密密麻麻 12 磅的英文字母做到凌晨，还被拖欠了半年的工资。

　　那时候我们都很年轻，也很乐观，每天下班愉快地跑回家做饭，就在弥漫着臭味的厨房里，煮红豆薏米粥，做丝瓜鸡蛋汤，朋友有时候心情好了还做几道东北菜，我俩把报纸往书桌上一铺，就开始大快朵颐了。

　　脆弱的时候，感觉压力很大的时候，也会放声痛哭，也会难过地想，这样的日子什么时候是个头呢?

　　也许每一个出身平凡的人，在最初踏上社会的那几年，都有一段艰难的、独自奋斗的日子。拿着可怜的薪水，过着拮据而又孤单的生活，心里的欲望和幻想却那么多。

　　我的朋友颜辞刚毕业的时候在房地产公司上班，每天要工作到很晚，可是她还坚持读书和写作。后来在地产公司做到营销总监的位置，再后来辞职做了自由职业者，她和我聊起那段奋斗的时光，也是很怀念。

　　她说，最难忘的就是从成都辞职到合肥的那段时间，因为自己还没找到工作，靠男朋友一个人的工资还房贷，日子过得特别窘迫。"那时候，一天的伙食费只有 10 块钱，真的是经常饿肚子。有时候有点额外的收入，我们两个就去大排档吃 25 块钱一盆的酸菜鱼。吃一顿酸菜鱼，我能高兴好几天，因为把鱼吃完，鱼汤还能带回家，接下来两天用来泡饭吃。"

我的另一个朋友，大学毕业跑到新西兰，一边打工赚学费，一边念研究生。

最苦的时候，要同时打四份工，每天天不亮就开着一辆破旧的尼桑，开在去中餐馆做洗碗工的路上。晚上还要去超市做收银员，下班已经夜里 10 点了，披星戴月拖着一身疲惫回到家，却不允许自己懈怠，拼命赶功课，写作业，每次考试都是全优。

研究生毕业，她找到一份令人羡慕的银行工作，拿着高薪，成了人人羡慕的金领。她并没有满足于一份朝九晚五的职业，下班后依然很拼，自己开了间比萨店做老板，忙得不亦乐乎。

我曾问过她："为什么要这么拼？"

她说："人在年轻的时候就应该去努力奋斗，体验不同的工作，才能活得淋漓尽致，找准自己在这个世界上的坐标。况且，你不是一个人在奋斗。你去看看顶级名校的自习室，你去看看全球顶尖公司的办公室，哪一个有所追求、对人生还有一点梦想的人，不是在拼命奋斗呢？"

当你一无所有的时候，除了奋斗别无选择。

人在一无所有的境况下，其实往往不会想着要逃跑，反而会激发出斗志和勇气，想要看看，就这样坚持下去，未来会是怎样？这种想法其实很固执，有种死磕到底的意味，其实未来的日子会不会越来越好，谁也说不好。可是就是那样顽固的坚持，让我们坚持了下去，等到了乌云散开的那一天。

有一年我在丽江旅行，遇见一个从大城市辞职来开咖啡店的姑娘。我们在她咖啡馆里一边晒太阳，一边喝着卡布奇诺，听她讲自己的故事。

她很小的时候，父母离异，各自成立了新家庭。她感觉自己在哪个家里都是多余的人，初中的时候就出来住校，高中就开始给杂志写专栏故事赚稿费养活自己。

大学是一边勤工俭学一边念完的。毕业之后做了 4 年的设计工作，厌倦大城市的繁华和浮躁，攒够了开店的本钱就辞职了。

租了店铺，一开始请不起人，所有的大事小事都自己一个人忙活。20 张桌子，也是自己对照着图纸一个个组装好的；有时候客人多，忙到半夜，洗完杯子盘子已经累得直不起腰，而第二天还要照常一早起来开门营业，容不得人倦怠。

她告诉我，所有的好生活都是努力奋斗来的。曾经，她也羡慕那些家境优渥的同龄人，羡慕他们想要的东西撒个娇就可以，而自己呢，连一片纸巾都要自己去挣。

可是，当你真的穿越了那些异常艰辛的日子，才发现唯有自己去努力创造的生活，才是值得一过的、有意义的；因为你在创造它们的过程中，获得了最可贵的生命体验。那些酸楚、委屈、沮丧和失望，当你真正经历了之后，才会明白一切都是生命给你的礼物。

你看，这个世界上有千千万万的年轻人在努力奋斗着，为了心中还沸腾着的梦想，为了远方闪着亮光的希望。也许路途坎坷，荆棘密布，可是却也充满勇气和斗志，还有乐观和坚强，当你不停跑下去的时候，才觉得一切都充满了希望；也许再努力一点，就会抵达那个心中的理想。

我很喜欢在晨光微曦的时候就出门跑步，打量这个刚刚苏醒的城市。我看到很多人已经开始了奋斗的一天，公交车站台上戴着耳机等待去上课的小男孩，街角的早餐店里忙着端出一笼热腾腾的包子的老板娘，穿着橙色制服挥舞着大扫把开始清扫街道的清洁工，还有和我一样穿着运动服晨跑的人们……

他们都在告诉你，瞧，你并不孤单，你不是一个人在奋斗。

我多么热爱这年轻的，可以肆意挥洒的金子般的时光啊，努力奋斗，就是青春的最好证明。

无论何时，我都相信自己值得最好，最好的食物，最好的衣服，最好的事业，最好的爱人，最好的朋友。哪怕不能抵达所有的最好，相信我，在你全力以赴去追求的路上，就已经体验了最好的人生。

怕什么，最坏不过如此

认识小鱼的时候，她刚刚结束深圳多年的工作回到湖北老家，一个坐落在武当山和神农架之间的小山村。

"大城市真的待够了，我 30 多岁了，感觉对城市生活越来越厌倦，越来越不想困在办公室这样过一生。"小鱼淡淡地说。辞职的时候，刚好在某个著名的珠宝公司工作满十年。十年，一个女孩子从 20 岁出头到 30 多岁最好的青春年华。

我是通过晶晶认识的小鱼。

某天夜里，微信里晶晶冷不丁和我说，要介绍一个朋友给我认识，让我写写她的故事。当时我在做人物采访，踌躇满志地想要采访 100 个普通人，写他们的故事，然后结集出版。

年纪轻轻的小鱼患过乳腺癌，一个人在那么大的城市里漂，家境又不好，也没有男朋友——在晶晶看来，这是一个女孩子能想到的最大的困境。她把小鱼的经历当成励志的典型介绍给我。

当时我心里一沉，也就答应了。

和小鱼真的有种相识恨晚的感觉。同样有一颗不安分的心，想要做点自己的事，却又被人生的责任困住，或者说，我们主动选择了去承担责任，心头那团火，被我们自己强行按了下去。

"其实我最想做的，是能够到处走走停停。但是目前最重要的，是希望能帮助爸妈把晚年过得好一点。"所以辞职后，小鱼选择了回到思想观念还很落后的家乡。

33 岁的小鱼还没有嫁人，又辞掉了深圳的好工作，父母无法理解她——好不容易在大城市有了立足之地，为什么要回来呢？村子里的人指指点点，说她长得不好，克夫，所以嫁不出去。

"我也想过有一天也许就结婚了，过柴米油盐的生活，做个小妇人，安于一方水土。可是现实太难了，谁会有勇气爱一个癌症患者？"

没有等我小心翼翼地准备好措辞，小鱼主动和我分享了她患乳腺癌的那段经历——

2012 年春节前夕，一纸癌症确认书放在我面前的时候，我崩溃了。在人生最美好的年纪，在事业的黄金期，这一纸确认书，无疑是对这一切美好的终结。深圳医生给出一个简单粗暴的治疗方案，让回家等待有床位再入院手术。

一个人关在家里两天，哭累了睡，睡醒了哭，不忍告诉家人，也不愿接受粗暴的方案。也曾有那么一刻，想就这样吧，平平静静回家过年，然后找一个地方静待生命终结。可终究不甘心，我还没让父母过得更好，我还没有遇到生命中的爱情，我还没有去过更远的地方……

我必须活着！此刻，自己不努力，还有谁能拯救呢？！于是爬起来上了网，顶着红肿的双眼，查阅关于癌症的各种资料。也许是命运的眷顾，让我有幸结识了一群同病相怜的人，给了我更多关于此类癌症的资讯。几天后，拖着两件冬衣，只身奔赴上海。于是一个人进手术台做第一次手术，术后三天是大年30，当天我缠着厚厚的纱布飞回深圳安慰得到消息奔赴而来的父母。

深圳到上海，糟糕的春运，拥挤不堪的人群，阴霾的天气，可心里是亮堂的，充满希望的，情况已经糟糕了，但至少我还有选择的权利，选择自己想要的方式。大年初八，第二次手术，7个小时，全身插满导液管、针药，接下来12小时木乃伊般不能动弹。术后第7天，上第一次化疗，翻江倒海呕吐。第18天，长长的头发开始脱落。随后的三天，伤口感染，高烧39度，迷糊不能入食。

偶尔清醒疼痛难忍的时候，我也在QQ签名留言：如果有一天，QQ再也不亮了，那么我是真的不在了……

躺在上海医院整整一个月后，我回到深圳。第一天，就去理发店剃了光头，还是无法直视一抚摸就掉落一手秀发的悲凉。接下来是长达6个月的化疗，眉毛也掉光，呕吐，浮肿，身体肌肉骨骼各种疼痛。化疗，远比手术来得痛苦，用生不如死形容绝不过分。难耐的时候，也想从高高的八楼跳下来个痛快。

可一切艰难的日子，都过去了。7月30日，最后一次化疗。一个月后，把在深圳照顾我大半年的妈妈送回湖北老家。9月中旬，光着头，拖着还浮肿不堪的身体，一个人去了昆明—丽江—香格里拉—泸沽湖—西昌—成都—都江堰。那年的中秋节，在西昌到成都的火车上度过。

11月开始回归工作，头发开始慢慢长出来。2012这个末日年，也走到了尾声。半年之后的端午节，酷爱户外运动的我和小伙伴们，去走了蜀山之王——贡嘎雪山。再后来的每一年，我都会积攒假期来一次高原长线徒步。2014年西藏珠峰东坡，徒步8天，最高海拔5344米；2015年四川格聂转山，徒步9天，平均海拔4000米。没有人看出那个走在前面的女孩子，是个还天天吃药的癌症患者。

再回头去看，那一场灾难，一场皮肉之苦，生与死的交战，不过让我更懂得了感恩、珍惜和豁达生活。再后来，每当有难安的事情，我都会告诉自己说，怕什么，最坏不过如此，阴霾和晴朗的距离，取决于自己的心，你若能坚持向前走，阳光总会出来的。

我盯着手机屏幕掉眼泪，纵然这场刻骨的痛其实我无法感同身受，却被她的坚韧和豁达深深打动。

回到家乡的小鱼开始推广原生态特产——房县黑木耳、香菇、药材一直都是出口海外的，国内名气却不大。近年来随着农村城市化的推进，工业化、规模化的企业逐渐侵蚀传统原生态的农牧业，盲目追求城市化的村民却逐渐抛弃那些原始的、安全的、珍贵的原生态特产。

对于家乡的发展，小鱼说她其实是抵制的："倒是希望这个大山里的村庄，能如世外桃源一般，保留着原始森林，清新的空气，保留些原始朴素的东西。"

新年的第一天，刚拿到驾照3个月的小鱼，就迫不及待地和叔叔一起开着小货车，去寻访大棚蘑菇基地。她的蘑菇、木耳卖得特别好。刚刚回家不到一个月，销量已经过万。万事开头难，做出这么好的成绩，我以为接下来她会趁热打铁，专注于创业，不料前几天她告诉我："老家并没有想象中那么美好。周围的人会时不时来问有没有结婚生孩子，父母压力也很大。也许春节后还会走出去，谁知道呢，人生还有无数的可能……"

听到她说"人生还有无数的可能"，我忽然热泪盈眶。

小鱼还告诉我，在深圳工作的十年和生病的经历，让她成熟了，逐渐看清自己的心，明白了取舍。也曾抱怨过命运的不公，特别是化疗的那半年，如今一切风雨过去，才发现其实命运让你经历一些事，只是为了让你明白另外一些道理。

如今的小鱼已经不是那个为了项目连续加班到半夜，走在大都市无人识的街头，孤单脆弱得要流眼泪的小姑娘了。经历了生死的交战，她变得更加柔软和坚韧，唯有对于爱情，固执地坚守，"没有触动心灵的那个人出现，就宁愿一个人"。一个人连最坏的境遇都经历过了，人生仿佛更有了底气——当一个人被命运的洪流冲向谷底的时候，你知道将来的路，无论哪一条路都会是上坡路。

我想起在这个世界各个角落孤单奋斗着的朋友，也许在某些时刻，我们被突如其来的厄运击倒，比如失业，失恋，抑或是生病，人生好像坠入了万丈深渊，四周一片黑暗。但是你一定不要放弃自己，不要怕，因为最坏不过如此了，只要你能挺过去，穿越那茫茫暗夜，光明一定在前方等着你。

我没有追问小鱼未来的打算，我相信她今后的人生将更加辽阔自由。愿这风雨有情义，愿每一个遭遇挫折和失意的人，都能从人生的谷底弹起，活出一片新天地。

你走的弯路
每一步都算数

你走的"弯路"，每一步都算数

我在一次读书会活动认识了楠姑娘，她那天穿着一件普通的白 T 恤，五官虽不惊艳，但还是有种跳脱的美和光芒，那种光芒让她在人群里脱颖而出。熟悉了之后，我常常回想初次见面的那天，她到底哪里与众不同呢？

可能是她脸上那种自由的、无拘无束的神情，仿佛超脱了周遭世界的物我两忘，和我在大都市里见到的匆忙、焦虑或者野心勃勃的年轻人太不同。

楠姑娘很年轻，90 后，是某个虾酱品牌的创始人之一。她一直在中缅边境的小城生活，常常在边境旅行，有时候根本搜寻不到信号，她给我看那些随意拍摄的照片，和肆意行走的状态，还有她看似感性生活方式背后理性的思考，都深深打动我。

楠姑娘很谦虚，她说她走的都是"弯路"，但我觉得她已经过着理想中的生活，找到自己热爱的事业，并为之奋斗，这是多少还在迷茫着的年轻人梦寐以求的状态啊。和大多数中国孩子一样，楠姑娘大学里读的是自己不怎么喜欢的会计专业，大学里不太爱学习，考试都是保证不挂科就好，每年就盼着寒暑假出去旅行。

有一年暑假她去了芒市儿童福利院，第一次那么近距离接触到身体有严重缺陷的小朋友，他们躺在病床上无法动弹，皮肤惨白，血管清晰可见。"当时真的挺震撼，以前觉得自己近视眼都嫌弃自己，还有福利院的社工，工作强度特别大，几十个孩子只有几个阿姨在照顾，我们待了一下午，带了吃的用的，回来之后总有一种深深的无力感无法释怀。"

楠姑娘假期旅行最常去的地方是云南瑞丽，这个县城位于中缅边境，320 国道的终点，以盛产珠宝玉石闻名遐迩。"很多人都不知道瑞丽这个城市。相较于云南的大理、丽江、西双版纳，这个地方真的是毫无存在感。缅甸内战不断，虽然有好几百公里的边境线，但是去缅甸还真不是一件容易的事儿，所以游客也少。我姐经常说，这座城市需要住下来细细品味，如果只是来旅游嘛，你会很失望！"

楠姑娘的姐姐原本是个摄影师，北上广大都市都待过，也算是个背包客，独自去很多地方旅行，2008 年到云南瑞丽旅行，两年后回到那里定居。楠姑娘常常暑假到瑞丽找姐姐玩，又认识了当地一个女孩子叫冰姐，三个姑娘一起去跳肚皮舞，去看边境线，去乡村小镇，去山上吃山茅野菜，深入了解少数民族的民族风情，参加各种节日。

你走的弯路
每一步都算数

20 岁至 30 岁是人生的黄金时代，也许这个时期你很迷茫，但是你有足够的时间和资本去试错。青春的意义不是"靠谱"和"稳定"，而在于"探索"和"找寻"，年轻不该是"狭隘"和"妥协"，而是"包容"和"创造"。

"五一出去露营的时候，晚上，大家都坐在白天搭起来的遮阳伞底下烧烤打牌喝酒，我和冰姐搬了个折叠椅坐在车背后，手机放着歌，手里拎着酒，夜风习习，旁边的草被轻轻地吹拂着，背后是莹白的月光，萤火虫星星点点，简直太舒服了，我记得我们是聊天的，但是我已经不记得内容了，可能也是因为我第一次见萤火虫，所以到现在一直记着那个场景。我们三个呢，都是吃货，经常为了吃个饭跑很远，去山上少数民族的寨子里找野生的东西回来自己鼓捣吃的，去口岸渡口的菜市场，反正买买买，做做做，吃吃吃。"

就这样看似漫不经心的假期体验式旅行，让楠姑娘找到了钟爱的事业。2014 年楠姑娘大学毕业，毫不犹豫地跑去了瑞丽定居下来，去了两个姐姐开的西餐厅，自己研制虾酱，认真做自己的产品和包装。

虾酱用的是缅甸产的上等好虾仁，缅甸小洋葱，小米辣，加之蒜，食用油，食用盐，做出来的虾酱却根本没有酱油和蒜的呛鼻味儿。原料食材非常讲究，"我们试过换成更便宜的中国虾仁，做出来根本不是一个味道"。

用匠人精神做出真正的好产品，加之对市场的敏锐洞察，并很好地对接到互联网电商营销，楠姑娘研发的虾酱很快就做出不错的销售成绩，获得很高的美誉度。

和很多年轻人大学毕业怀揣热血到北上广大城市打拼不同，

楠姑娘很早就知道自己真正想要的是什么样的生活。我问她做职业选择的时候，是否只是跟着内心的感觉在走，她说："跟着感觉走也是基于理性思考的基础上的，毕业后一直走的是非主流路线，但是心里挺坚定的，知道自己在做什么。"

父母当然也很担心她在走"弯路"，他们像大多数中国父母那样，希望女儿可以在大城市工作，最好还是央企事业单位，朝九晚五，过稳定的生活。我认识的很多 80 后，在职业和人生的选择上非常纠结和迷茫，一方面太过在意父母的感受，另一方面，我觉得更加重要的是，他们并不真正知道自己想要的是什么，只能人云亦云，随波逐流。

在楠姑娘身上，我看到 90 后一代的年轻人更加有主见，不纠结，对社会主流评价体系看得很淡，更加遵从自己内心的召唤去做人生选择。本该属于年轻人的勇气和探索精神，在他们这一代人身上有了回归。他们的奋斗，不再是那种苦兮兮带着悲壮感的奋斗，而是看似浪漫实际上非常理性，是来源于内心的坚定和对于趋势潮流的敏锐判断。

开西餐厅和卖虾酱，其实要做的事情非常多。楠姑娘总是独自忙到深夜，在充斥着洋葱和辣椒的工作间里，像做一件艺术品一样制作她的虾酱，那种专注和精益求精，让我想起一生只做一件产品的日本匠人。三个女生还时不时地跑出去骑车、登山、徒步、露营，店开得漫不经心，每次旅行回来，发现虾酱的订单又排够做好久。客人倒是也不着急，下过订单之后同样漫不经心地等着这罐来自几千公里外边境小镇的好味道。

如果以同时拥有一份高收入的体面工作和幸福的感情生活来衡量一个人的成败，我想大多数人都是失败者。我们活在这样主流的价值评判里，感到深深的压抑和无力。而幸好这个世界上还有楠姑娘这样一群人，他们更在意的是活得好，而不是活得好看。

"现在的状态我觉得还不错，每天都是各种忙，虽然有时候也是瞎忙，但是挺充实。有些时候做的事儿短期来看并没有什么回报，但是我特别相信一句话，你所走的眼前看来是弯的路都不会是弯路，总会带来收获。"

人们总是说"不忘初心，方得始终"，但是大多数人还是过着庸庸碌碌、人云亦云的生活，转发着朋友圈的鸡汤文，实则改变不了麻木已久的心。不是忘了初心在哪里，而是忠于内心其实很难，需要非常勇敢。

我很开心认识这个卖虾酱的楠姑娘，让我看到年轻人并不都是急功近利去拼一个所谓的成功，而是踏踏实实地去做自己喜欢的事儿，并在这个事情上倾注热情、才华和努力。

真正的成功是你用喜欢的方式过一生，并且做的事情有价值有意义。我在这个 20 岁出头的姑娘身上看到了那种接近神性的光芒，她告诉我，你走的"弯路"，每一步都算数。

安逸还是奋斗，和城市无关

在北京工作的时候，我每天 5 点半起床，6 点钟就披着满天的星斗把车子开上高速，赶在早高峰拥堵之前到达办公室。限行日乘地铁上下班，有时候加班到深夜，地铁上依然人满为患，年轻的，疲惫的，东倒西歪的人们，诉说着一天的辛劳和疲惫。

在北上广大城市独自打拼的人们，都是自带励志属性，但是也有倦怠的时候。

工作进展不顺利还受了委屈的时候，努力很久却依然没有收获的时候，花掉半个月薪水租住的房子，不知哪天就被房东卖掉，被迫搬家的时候……那时候，总有人说，为什么一定要在大城市奋斗呢？还是回小地方过安逸的生活吧。

隔着遥远的距离，想象中的小城简直是天堂，那里房价便宜，交通顺畅，空气清新，下了班可以喝喝茶，遛遛狗，读读书。曾经有一篇在网上流传甚广的文章，讲述了一对闺蜜不同的选择和生活经历，一个去大城市努力打拼追求梦想，一个留在家乡小城平静生活。很多人被这句话煽了情——愿你在小城生活安逸，愿你在大城梦想成真。可是，我总觉得哪儿不对劲。在小城市只有安逸的生活，不用奋斗吗？

在很多人的观念里，如果一个人生活在小地方，大部分人都随遇而安，沉溺于安逸的生活，你就不能有梦想，不能勇猛精进为之努力奋斗。我以前不懂为什么，现在有点理解了，大概是这样的你会和大多数人不同，和环境格格不入，会招来别人的议论和嘲笑。可是，也有一些这样的人，他们无论在什么样的环境里生活，都不会沉溺于表面的安逸，而是选择了锐不可当追求心中的理想。他们的人生，才不会囿于环境或者世俗的价值观，他们会告诉你，安逸还是奋斗，和城市无关。他们的人生总是走向更加精彩和开阔的境地。

写作之初，我认识一位对我影响至深的作家姐姐。她叫琴台，在河北沧州的一个县城生活，40多岁，有一份体制内稳定的工作，在单位还是个小领导，她有一个温馨的家庭，是两个孩子的母亲。

虽然在小城生活，琴台把事业做得风生水起，在家里也是个称职的主妇，可是她并不满足于在小城过安逸的生活。所有的业余时间，她都用来为她的梦想努力奋斗——那就是写作，每天写一篇稿子，坚持了快10年，共计发表了300万字的期刊文章。她是《读者》《意林》《文苑》等老牌杂志的签约作家。

琴台说，她开始走上期刊写作的那年已经36岁了。36岁，多少人在这个年纪早已经放弃自己，觉得人生就这样了！尤其是生活在小城市，36 岁的人们大都过着安稳的、波澜不惊的生活，仿佛一眼就可以望到生命的尽头。

琴台每天要忙工作，照顾孩子，可是她说："工作和孩子也不是全天候的，从早到晚找出两三个小时专注于写作还是可以的。比如你可以早起一会儿，从六点到八点，在上班前可以写一个稿子。再比如，午休的时间，不回家做饭，在单位吃点儿泡面，也可以省出时间写一个稿子。"

她在节奏缓慢的小县城生活，可是她在追逐梦想的高速路上飞奔。就这样跑着跑着，她在工作和家庭之余，有了第三重身份，著名杂志的签约作家，这个新身份，为她打开了另一扇门，因为文笔好，作品有了一定的名气，她在原单位也平步青云，做到了很高的职位。

40 多岁的琴台依然在折腾和探索，像大城市里 20 几岁的年轻人那样，为了梦想坚持不懈地奋斗着。最近她对心理学很感兴趣，去报了个心理咨询师的培训课程，每天下班之后去学习，几个月之后顺利通过了国家二级心理咨询师考试。生活在小城市的琴台又有了新的身份，新的尝试，生活仿佛充满新鲜和惊喜。

所以你看，限制你的，永远不是年龄和环境，或者周围的人认不认同。我反而觉得在小城市，生活成本不高，不需要花那么多时间在通勤路上，比在大城市生活的人，更有时间和精力去追求梦想。安逸还是奋斗，和城市无关，和人的心性、追求以及价值观相连。

我在油田小城工作的时候，因为共同参与一个项目认识了一位工程师姐姐。当年的她 30 岁出头，有一个四五岁的女儿，丈夫长期在外出差，她一个人带着孩子，却依然把工作做得风生水起。

我辞职离开不久，听说那个单位有一个外派到美国做访问学者的机会，应征者云集，其中不乏业务能力特别出色，得过很多奖的高级工程师。可是最终谁也没有料到，那位姐姐竟然得到这个千载难逢的好机会。很多人劝她，孩子还小，你去美国一年谁给你带孩子呢？一年之后回来，目前的项目长的位置还留不留得住，也是不保险的事。

她不为所动，把孩子送到父母那安排好，就收拾行李出发了。在美国的高校里做访问学者期间，她和我偶有联系，说起这个事情，她坦言，最终能够得到此机会，得益于她的英语成绩比其他竞争者高很多。

原来为了出国访问，她捡起了很多年不碰的英语，每天晚上把孩子哄睡了之后，就着卧室台灯微弱的光，学习到凌晨两三点。那段时间，她连走路和上厕所的时候，耳朵里都塞着耳机，播放的是英语听力。

人们议论着她的野心勃勃，只有我恍惚明白，她做这个决定，付出这样的努力不是为了升职或别的什么。只是不想在安逸的环境中随波逐流，选择挑战和奋斗，只是因为她做这样的事是快乐的，那种快乐，就是充分燃烧自己，活到淋漓尽致的感觉。

一年之后，她回到原来的单位，又过起了上班下班接送女儿的平淡生活。但是美国那一年的经历，那些奋斗的时光，就像茫茫海面上的一座灯塔，指引着她竭尽全力去做想做的事，也给了她面对挫折时的勇气和力量。

所以，别再说"还是回小城过安逸的生活吧"，因为当你真的选择了安逸，你看到的永远是那小小的一方天地，你囿于其中，直到自己变得麻木、软弱、得过且过，却安慰自己平凡可贵。真正可贵的，是无论在什么环境里，都不放弃希冀、勇气和斗志；无论在大城还是小城，都保持对生活新鲜的热情和对于改变的不畏惧。

我很喜欢那些居于小城，仍然选择奋斗和追求梦想的人，因为他们的眼界、格局在天地之间，他们周围的空气是流动的，久而久之，你很容易在人群里把他们和那些固守一成不变生活的人区分开来。他们身上那种流动的气息，丰盈而又开阔，真是优美又动人。

所以，如果你心中有梦想的火焰，无论你在大城还是小城，都一样可以做到全力以赴去为之奋斗。可以决定你人生的，永远是你自己，而不是你居住的城市。

闲暇定终生

去参加一个朋友的新书发布会，在一个大学的阶梯教室。

现场气氛轻松愉快，200 多人的教室座无虚席，甚至连门口也挤满了人。读者们兴致很高，后来的提问环节，一个个险象环生的问题，都被他轻松幽默地化解，给出的建议也是推心置腹的诚恳，赢得不少掌声。

我很难想象，两年前那个忧虑又迷茫，不知道人生方向在哪里，下班后不是兀自发呆，就是流连于酒吧的他，如今成了畅销书作家，找到了他人生的坐标和生活的主旋律。

记得我们初识的那个冬天，他刚刚结束一段感情，正处于人生的低谷；工作也做得百无聊赖，在一个大公司里做了五年会计，激情都被磨光了，每天机械地重复，让人心生厌倦，只枯坐等着下班。下班回到家，也无事可做，有时候会在客厅看电视，直到所有频道都没有节目了；有时候会连续打一个游戏直到通关，觉得很是空虚；更多的时候，到楼下的小酒吧喝一杯，看着形形色色的人群，思绪不知道飘到哪里。

有一天，他去听了一场演讲，演讲的那个女孩，是靠着下班后的几个小时，自学插画，一年后成了颇有名气的插画师，和朋友一起开工作室，事业做得风生水起。久违的被点燃的感觉，让他觉得不能再这么混日子下去，他必须做点什么了。于是他开始回溯，有什么事情是一直喜欢却没有机会尝试的？

他想到了写小说。小时候他就很喜欢编故事，他的脑袋里似乎有个虚拟的世界，在那个世界里他策马奔腾，呼朋唤友，无拘无束。第一篇小说发布在豆瓣上，就被编辑推荐到了首页。他受到鼓舞，于是每天下班之后的三四个小时，就纵情驰骋在他虚构的世界里，设置一个个人物，给他们安排各自的命运。

为了写得更好，他去报名参加了写作培训班，上课在外地，他就每周五乘夜火车赶到那个城市，上完周末两天的课程，再周日晚上乘火车回来上班。很辛苦，可是每次坐在火车上，看着车窗外移动的熠熠星光，他心中热血沸腾着，觉得人生充满希冀。

他果然写得越来越好了。半年之后，就有出版社找他出书。就这样，他在下班后的闲暇时间，活出了另一场人生，成就了一个闪闪发光的自己。

胡适先生说："一个人的前程，往往全靠他怎样利用闲暇时间，闲暇定终生。"深感赞同。胡适曾总结自己一生的成就，谈及白话文，坦言完全是业余时间的充分利用，那个时候，他

放下对未来的种种忧虑，现在开始踏实努力，看看上帝会给你什么礼物。也许是惊喜连连，也许是空空如也，可是无论哪一种人生，对我们来说，都是独一无二的。无论哪一种人生，我们唯一能把握的，可以拼尽全力去努力的，却也只有当下，只有此时此刻啊。

一天要做十几份兼职，但每当空闲休息的时候，便会思索如何让普通大众听得懂自己的课，于是，在别人闲聊闲逛时，他让白话文占领了中国，成就了一番伟业。

著名的编剧海岩，写了那么多畅销的电视剧，他的第一份职业竟然是北京第一监狱的伙夫。后来他还成了企业家和一流的设计师，都是在本职工作之外，对闲暇时间的有效利用，在这些领域里做的探索和积累。

我的另一个朋友，性格内向，在公众场合不敢表达自己，加之就职的公司是外企，每次开视频会议，她都是最沉默的那个。一是担心说错被批评，二是因为英语口语不太好，影响她的表达和发挥。

直到有一天，负责他们项目的主管找到她，称赞她项目报告写得很出色，得到了外方领导的赞赏。只是有一点，建议她以后会议和其他公开场合，能积极表达自己的观点。她才意识到，自己的不敢表达已经成了她成长中最大的拦路虎。

于是下班之后，她不再沉溺于电视剧，而是报了一个口语培训课程，风雨无阻地去上课。另外，她还练习演讲，强迫自己去学习如何在公众场合表达。过程当然是很艰辛的，无数次她都想放弃，想打退堂鼓，特别是看到课上其他同学能和外教自如地交流，而她一开始根本听不懂他们的笑话，更不敢在课上举手发言。

可是，你要永远做一个胆小鬼和不思进取的人吗？

此后的每次视频会议，她都规定自己必须发言，哪怕拖到最后，没有自己的观点，只是和对方就某一张幻灯片深入讨论，她的积极表现很快得到外方领导的肯定。一年之后，总公司在每个分公司挑选员工去美国的总部培训，她在入选之列。

现在的她已经在纽约最繁华的写字楼里办公了。自从那场不动声色的努力之后，她都在下班之后坚持一件小事，或者有益于职业的进步，或者有利于自身的成长。最近，她业余时间练习瑜伽，听说她每个周末在健身房做兼职的教练，玩得不亦乐乎。

所以，如果一个人在下班之后能利用闲暇时间，坚持一件有益的小事，假以时日，这件事会以不可思议的方式丰富你、回报你。你看到别人轻轻松松保持身材、取得了成就或者赚了钱，其实背后都付出了辛苦的努力，而且坚持了很久很久。

刚参加工作的几年，我们往往没有资本选择一个自己真正热爱的工作。有的年轻人没有定力，工作稍不顺心就选择辞职，或者盲目地换行业，我觉得都是不够理性也不可取的。还有一些人对职业前景很迷茫，不知道该如何去努力，下了班就窝在沙发里看8点档的肥皂剧，或者不停地刷微信朋友圈，把闲暇的时间白白浪费。

我建议你，不如从现在开始，下班之后尝试利用闲暇时间坚持一件小事，因为这世上无论是谁，都没有平白无故的成功，也没有一帆风顺的坦荡。再有光芒有成就的人，都是从一件件小事，一天又一天积累起来的。你所看到的光鲜，都是无数流汗的夜晚组成。

我有一个闺蜜，25 岁就自己买了复式的房子和车，最近又买了第二套房。她在建筑行业的国企做设计工作，经常要加班到很晚。当别的姑娘抱怨加班，周末逛街看电影谈恋爱的时候，她默默地兼职做着自己的小店，利用一切闲暇的时间去做产品的推广，常常半夜 1 点钟还会发来消息和我讨论销售。

多年前我在搜狐写博客，认识了同样热爱写作的叶子姐姐，她也是个很传奇的女子。自学成才，做到公司的高管职位，独自辗转了很多个城市。后来做了母亲，依旧身居要职，负责整个公司的营销板块，下班之后依然坚持健身和写作，每天四五点起床读书。她永远那么神采奕奕，36 岁了却像个小女孩一般对世界充满憧憬和好奇，轻盈而美丽。

你看别人轻而易举就身居要职，感情美满，事业和家庭都风生水起，而你努力了很久也没有回报。其实不是这么回事，因为你没有看到他人的闲暇时间用在哪里，当你下了班就觉得完成了一天工作的时候，别人正在努力开始另一场奋斗。

与其临渊羡鱼，不如退而结网。你的时间用在哪里，决定了你会成为什么样的人。闲暇定终生。

一个女孩子为什么要努力

　　前段时间跟一个品牌商谈合作，和我对接的媒介经理是个准妈妈，当时离预产期只有十几天了，仍然挺着大肚子工作。她思路清晰，一丝不苟，半夜发邮件过去，不到十分钟就能收到回复；我早上四五点钟起床写稿，想到好的方案也会立即微信她，一般她都是秒回。

　　那次的合作非常愉快而高效。她刚生完小孩，又风风火火投入到工作中，我问她："你还在月子期吧？哪来的时间和精力啊？"她特别淡定地说："习惯了这样的工作节奏和强度，时间挤一挤总会有。"

　　她是我很钦佩的一位姑娘。出身寒门，凭借自己的双手和智慧，一步步建立起如今优渥富足的生活，事业和家庭都很令人羡慕。她在上海的黄金地段买了两套房子，把父母接过来安度晚年，和先生结婚快十年恩爱有加，一双儿女乖巧可爱。她告诉我，千万别相信什么"干得好，不如嫁得好"，不要因为你是女孩就放弃了努力，只有靠自己的双手挣来的生活，才是最踏实的。

你走的弯路
每一步都算数

她大学毕业来到上海这座光怪陆离的繁华都市，一句沪语都不会讲，工作的头两年，也曾感到抑郁而挫败。她在一家贸易公司上班，薪水只够租最廉价的老公房，一年到头见不到阳光的潮湿房间，老鼠和蟑螂是她最亲密的朋友。

　　没有背景，没有钱，没有天上掉馅饼的好运气，除了努力别无他法。她每天中午趁午休时间苦练上海话，下了班就看书学习，参加培训班，从来不敢倦怠。

　　当奋斗融入一个人的基因和血液，你便不觉得这样的生活有什么辛苦，反而会激发出内心深处的能量和激情。后来她跳槽，工作越来越好，圈子和格局都越来越开阔，当你自己到了一个很高的平台的时候，才有机会认识同一平台和层次的朋友。她和她的先生就是在工作中认识的，两个人都非常优秀，也很合拍。

　　所以你看，哪有"干得好，不如嫁得好"这回事，只有你自己足够优秀，才能有机会结识同样优秀的人啊。可是，世人总有这样的偏见：女孩子不用太努力，女人越成功，家庭就越难幸福。

　　不是的。我倒觉得越努力越优秀的女孩，越能拥有幸福的家庭——因为她在做事业的过程中，升级了认知，积累了智慧，懂得了如何辨别，掌握了处理冲突的能力。不管是经营事业还是家庭，从来没有什么一劳永逸，而是永远在面临和解决问题，没有经历过职场上的风雨和磨砺，恐怕也难练就一身铿锵的本领。

一个女孩子为什么要努力？

因为这世界残酷，适者生存，职场更没有性别之分，不会因为你是女孩就对你格外宽容厚待。

有一年公司来了几个实习生，有一个姑娘自恃有几分姿色，便时时装乖卖萌，处处撒娇讨好，工作特别散漫，连最基本的数据统计都会出错，幻灯片做得一塌糊涂。可是她不以为然，因为自己是女孩嘛，何必给自己那么大压力。

后来转正的名额里自然没有她，因为没有拿得出手的业绩，公司不会养闲人。而另一个姑娘，不仅把工作出色地完成，还主动学习更多的技能，业务扎实，人又勤勉好学，所以深得主管领导认可。她不仅很快转了正，还在年底的考核中拿了优，第二年涨了工资升了职。

那些努力工作的姑娘，从来不会因为自己是女孩就对自己姑息；相反，她们只会用成绩说话，把工作做得漂亮，拥有核心竞争力，才能在职场上立于不败之地。

一个女孩子为什么要努力？

因为只有努力，才能掌控自己的生活，把命运掌握在自己的手中。我们羡慕的那些人生赢家，多数人只看到他们表面的光鲜，却不曾想过他们背后为此付出了怎样的努力。没有谁的人生是一帆风顺，或者凭借好运气就可以一生无忧。

我辞掉央企稳定工作的时候，也遭到很多人的不解和嘲讽，他们说，你一个女孩子，那么努力干吗呢？可是我如果不努力，恐怕直到现在也没法过上自己喜欢的生活。

和几个写作的闺蜜聊天，她们的感触都很相似。没有办法用写作养活自己的时候，我们都是一边工作，一边用业余时间笔耕不辍地写写写。我的一个朋友，趁每天午休的时候去公司对面的酒店开钟点房写；另一个朋友，第一本小说是他上下班的地铁上完成的。我们就这样在生活的夹缝中努力去追求心中的梦想。

一个女孩子为什么要努力？
因为只有努力，才能让家人过得更加富足快乐。

我看到有些同龄人，每个月拿到工资之后，除去房贷和生活所需，基本上就是月光的状态，更有甚者，还要靠父母的退休金接济。连自己的生活都照料不好，成年之后尚且要向父母伸手讨要生活费，孝顺从何谈起呢？

我很欣赏的一位朋友，两年前从体制内辞职，她妈妈送她上飞机的时候泪流不止；她就暗暗下定决心一定要努力让妈妈过上好日子。两年后，她的自媒体做得风生水起，靠写作收入已经翻了几百倍，在她居住的城市给妈妈买了房子，朋友圈经常晒出给妈妈的礼物是品牌包包，还动辄给妈妈卡里打钱，说，妈，你随便花。

这样努力的姑娘真的让人热泪盈眶。

当别人告诉我，你是女孩，不用太努力的时候，我都会笑笑，然后回过头来，继续倾尽我所有的才华、努力和热情，去拼一份我想要的人生。

因为，只有努力过的人生，才能看到更加开阔而精彩的风景，才能让自己和家人的生活更加富足自由。别再相信那些所谓的"女孩子不用太努力"的鬼话了，你仅有的一次人生，不用尽全力，如何甘心？

20 多岁做些什么，30 岁才不后悔

20 多岁的时候，我们都很迷茫，有大把的时间，却不知道该做些什么，好让此后 30 岁，甚至 40 岁的人生不后悔。读了很多书，听了很多讲座，明白很多道理，却不知道从哪里开始落实到行动上。

Meg Jay 有一个著名的 TED 演讲《为什么 30 岁不是新的 20 岁？》，曾让 20 多岁徘徊在十字路口迷茫的我醍醐灌顶。她告诉我，看起来漫长的 20 几岁其实并没有十年，如果没有建立起坚实的人生格局，一切等到 30 岁的时候再觉醒和行动，恐怕为时已晚，因为你的试错成本变得很高。

20 多岁的时候，我们都觉得青春是用来挥霍的，我们拥有最无用也最宝贵的资源，那就是时间。可是从一生的尺度来看，其实一个人的人生格局基本上在 30 岁的时候建立，而这之前 20 多岁的时光，是你积累资本的黄金时间，你把时间用在哪里，在 30 岁的时候就可以看出差别。

我自己的经历也是如此。我今年刚好 30 岁，无论事业和感情，

都进入了正轨，正过着理想中的生活。而我也深刻地明白，这一切得益于我 20 多岁时候的努力。20 多岁的时候如果没有付诸努力，去探索最适合自己的方式，没有积累资本，自我投资，那么到了 30 岁，好运并不会忽然光临你。

那么，20 多岁做些什么，30 岁才不后悔？

1. 搞清楚我是谁，这一生要做什么

很多年轻人的迷茫和浑浑噩噩度日，在我看来一是因为懒惰，二是因为不敢正视自己内心深处的欲望。

学校教育并没有教我们去问自己：我是谁，我这一生要做什么？家庭教育的方式，也大多停留在告诉你什么时间点应该完成什么，是一种浮于表面的和功利化的教育。

其实一个人和自我的关系，是他所有社会关系的总脐带。如果一个人没有弄清楚自己，那么他就算再成功，也无法体会真正的幸福。

20 多岁的时候，正是一个人的三观逐渐建立和成熟的时期，这个时候不妨多做一些尝试和探索，搞明白自己内心深处最强烈的渴望是什么，这种"天命"一样的东西，其实是你和这个世界最深刻的联结。

比如说我自己，我最强烈的渴望就是成为一个作家。虽然大学读的理工科，虽然后来做了工程师，但是我一直没有放弃这个渴望，工作之余，我用全部的时间精力和热情，去投入到我最爱的事情，每天坚持练笔，因为如果我不写作，我的人生就没有意义。

我的很多在事业上小有成绩的朋友，都是在 20 多岁的时候不断地尝试和探索，在本职工作之外争分夺秒地去折腾自己喜欢的事情，才最终找到人生方向的。

2. 练习爱一个人，体验真正的亲密关系

无论你对婚姻的态度如何，我觉得 20 多岁的时候应该练习爱一个人，去体验真正的亲密关系。

我最不赞成的一个观念就是"婚姻和爱情是两回事"，在我看来，只有基于纯真的爱和理解，才能成就好的婚姻关系。

其实只有在亲密关系里，一个人才能看清楚自己。你和一个人互动的方式，会特别深刻地映射出你内心的渴望和缺失。好的关系会让人成长，慢慢去修复自己内心的缺失和伤痛。

爱的能力需要练习，只有当你体验到真正的亲密，你和爱人之间有能量的流动，你的人生才会更加丰富和完整。

3. 坚持健身和护肤，学习穿衣搭配

为什么很多姑娘 30 岁的时候还像个少女？因为 20 多岁的时候她们就坚持对自己身体的健康管理。我一直不介意这个世界是看脸的，因为喜欢美好事物是人类的天性，不必与人性为敌。

其实一个人对自己形象的态度，也折射了他对自己人生的态度。我一直提倡要内外兼修，因为外在的形象是一个人的通行证，赏心悦目的人，无论在感情还是事业方面，都会得到更多的机会。

别再相信"鸟美在羽毛，人美看心灵"了，漂亮的人未必是肤浅的，没有人有义务通过你邋遢的外表去了解你深刻的心灵。

4. 培养一个爱好，积累一技之长

爱好有多重要？我在之前的文章曾讲过，闲暇定终生。下班后的时间，我建议你培养一个爱好，积累一技之长。

因为在这个瞬息万变的互联网时代，很多行业都在发生着变革，未来会有更多的斜杠青年和自由职业者，互联网打破了很多行业的门槛，世界正在变得越来越平。所以一个人只要有一项技能，并且把它发挥到极致，就可以创造价值。

就像我自己，上班的六年时间在业余时间开过网店，现在写

最好的生活，就是可以过弹性的生活：不是非这样不可，别样亦可；在任何的际遇和环境里，都可以发现美好和有趣的一面，并心怀感恩；对于偶然和意外，能够迅速适应和调整，把失去活成另一种获得。

广告文案，无论哪一项技能，赚到的收入都已经超过了工资的收入。

5. 学习投资理财，培养财富意识

20多岁的时候，我们的收入都不高，觉得理财离我们很遥远。其实不是这样，理财并不是要成为土豪才能理，而是希望通过理财可以掌控自己的生活节奏，培养财富管理的意识，建立起自我保障体系，过得体面而有尊严，有追求自由的可能。

曾经有人建议一种财富分配的方式，就是把收入分成三份，一份用来日常生活开支，一份用来储蓄，一份用来投资理财。我很赞同，但是这个比例的多少，可以根据自身抗风险的能力去调整。开支和储蓄简单，科学地理财却并不容易；理财的本质是管理自己，而管理自己最重要的是自律。

20多岁的时候，最重要的是行动起来，无论你选择了哪一种人生道路，都要积极地、踏实地去努力。

放下忧虑，
让生活扑面而来

第四章
CHAPTER
4

放下忧虑，让生活扑面而来

我们常常过于忧虑，哪怕诸事顺遂，仍无法享受当下的美好安静，总担心未来会不会有什么事发生，为将来做过多的思量和打算。

刚刚高考完的小朋友问我："暑假我该做点什么提升自己？我有拖延症，而且我好像什么都不会，怎么办？我能适应大学生活吗？"

快要大学毕业的朋友问我："我该怎么做才能找到满意的工作？我不知道自己喜欢什么怎么办？22 岁应该先拼事业还是先谈恋爱？"

已经工作了几年的姑娘问我："我想辞职去大城市闯荡，但是我 27 岁了，担心大城市的生活会不会太辛苦，担心找不到男朋友怎么办？"

我刚毕业的时候在公司附近跟人合租，对住在我隔壁的那个姐姐印象很深。因为我从来没有见过像她那样无忧无虑的姑娘。我喜欢称她为"姑娘"，虽然她当时快 40 岁了。她一年前刚刚从工作了十多年的日本回来，皮肤保养得很好，单身，乐观活泼，对生活充满热情。

她跟我们20多岁的年轻人一样，合租房子，每天早早出门找工作面试，还报了一个翻译培训课程。虽然是租来的房子，但是她布置得很漂亮，去宜家买了崭新的单人沙发和书桌，床品也是用得上好的品牌。下班之后跑步，读书，周末偶尔会在厨房做美食。她把日子过得很精致，也很松弛，没有都市浮躁气，也没有很多大龄单身姑娘的焦虑。

有一次闲聊，我问她为什么回国。她说，因为当时喜欢一个国内的男生，就辞掉工作回来了。两个人相处了一段时间，发现并不合适，就分了手。然后她就一个人从广州来了北京。

她说，在日本，其实很多姑娘的生活状态都是这样随性。完全没有国内那种过了25岁就特别急着结婚的焦虑感。她大学是日语专业，后来去日本工作几年之后，喜欢上化妆，就辞掉工作，用积蓄去报了很贵的彩妆课程。她喜欢什么，就尝试着去做，没有想过性价比，值得不值得。

我的另一个朋友Jenny也是这样，生活一直不断迁移，奔波和动荡，但她仿佛永远那么笃定和乐观，对未来没有忧虑过。她29岁那一年，忽然就辞掉一家全球500强创意总监的职位，跑到美国去念书。她是那种精致时髦的上海女郎，住着市中心的高档公寓，开着名车，穿品牌套装，不开心了就休假去热带岛屿潜个水。

她提着两只巨大行李箱晃晃悠悠去了波士顿，用积蓄交了学费，和同学合租市中心昂贵的公寓。她慢慢学习搭乘公共交通，练习一个人去餐厅吃饭，习惯去适应波士顿的天气，和她新的发型师。

那两年，Jenny 一边在学校苦读拿学位，一边晃晃悠悠在北美洲旅行，并且交了个美国男朋友，还出版了一本书。后来再见到她，我觉得她和在上海没日没夜工作的时候完全不同，不再活在紧张的日程表里，不再整日忧心忡忡，整个人神采奕奕，散发着迷人的光芒。

她说她真正下决心辞职去念书，是因为无意中看了毛姆的一本小说——《刀锋》。那时候她在上海，拿着几十万的年薪，生活安稳富足，可是她不快乐。后来她放下了忧虑，像拉里一样上路，在全世界到处晃荡，让生活扑面而来，生活真的给她打开了更多的可能性。

生活，其实有它自己的意志，有它自己的轨道和方向，甚至大多数时候，是我们在被生活推着走，是我们沿着生活给我们规划出的轨道和方向，一路向前奔跑。而究竟在哪个路口转弯，我们并不知道。

我写作圈的朋友晴悦在文章中这样说。她在中央电视台工

你走的弯路
每一步都算数

作，24 岁那年，得到一个可以外派的机会，去拉美做驻外记者。她决定把握住这次机会，可是对于未来的工作，爱情，甚至结婚生子，她的忧虑也达到了顶点。

24 岁的她走在玉渊潭公园里，冒出的一句话是："你什么时候才能放下所有忧虑，让生活扑面而来呢？"

三年的驻外记者生涯很精彩，晴悦行走在拉丁美洲，眼界和见识如清风加冕。三年后再回北京，拉美的文化已经融入她的血液，那一段驻外生涯也成为她生命中难以忘怀的华彩。虽然晴悦常常自嘲，当时自己是冒着和男朋友分手的风险，可是我还是觉得，那是她做过的最正确的决定。

卸任回国一年后，晴悦披上婚纱成了最幸福的新娘，她担心的那些坏事情一件也没有发生。相反，生活给了这个勇敢坚定的姑娘最好的礼物和最温暖的回报。

张爱玲有一篇短文叫《非走不可的弯路》——

青春的路口，曾经有那么一条小路若隐若现，召唤着我。
母亲拦住我："那条路走不得。"我不信。
"我就是从那条路走过来的，你还有什么不信？"
"既然你能从那条路上走过来，我为什么不能？"
"我不想让你走弯路。"

"但是我喜欢，而且我不怕。"

文章的结尾，张爱玲这样说："在人生的路上，有一条路每一个人非走不可，那就是年轻时候的弯路。不摔跟头，不碰壁，不碰个头破血流，怎能炼出钢筋铁骨，怎能长大呢？"

可是年轻的我们呢，为什么没有了试错的勇气，反而整日忧心忡忡，害怕走了弯路，甚至害怕走了一条性价比不那么高的路，落后于别人？我们忧虑的，到底是什么呢？

老狼在《关于现在关于未来》里面有几句话我也一直很喜欢：

关于未来你总有周密的安排，
然而剧情，却总是被现实篡改。
关于现在，你总是彷徨又无奈，
任凭岁月，黯然又憔悴地离开。

简直就是太多人的写照。我们整天忧虑着未来，却又那么迷茫，不知道现在怎样去努力，所以一天天过去，一年年过去，好像一切都没有变。我们是否可以放下忧虑，享受每一个当下，沉浸在当下生活本身，并且踏踏实实去努力呢？

我曾经也非常忧虑未来，特别是二十七八岁的那两年，工作没有起色，感情生活一片空白。我每天都特别惶恐，担心自己愁眉苦脸地活下去，孤独终老。

我休假飞到云南去旅行。可是并没有心情看风景，大理温柔的风扑面而来，古城到处洋溢着浪漫的气息，可是我只想哭。我在长途汽车上哭；我关上旅馆房间的门，坐在床上哭；我去丽江，在束河古镇的咖啡馆里哭，在双廊，面对着美丽的洱海，在新年的烟花燃起的时候哭……那时候，我的忧虑一定也达到了顶峰了吧？现在想想，是多么的可笑和浪费啊。

看不清前路的时候，我们都迷茫忧虑，可是一味沉溺于忧虑的情绪，却于事无补。不如放下忧虑，让生活扑面而来吧。

放下对未来的种种忧虑，现在就开始踏踏实实努力吧，看看上帝会给你什么礼物。也许是惊喜连连，也许是空空如也，可是无论哪一种人生，对我们来说，都是独一无二的。无论哪一种人生，我们唯一能把握的，可以拼尽全力去努力的，却也只有当下、只有此时此刻啊。

正是那些无用的事，成就了你的人生

朋友的父亲酷爱收藏字画。

那是刚刚可以填饱肚子的年代，全家指望着父亲一个月一两百块的工资度日。母亲从牙缝里省下来的钱，连给孩子们多买一只鸡腿都舍不得，却常常被父亲连哄带骗，拿去换了一张莫名其妙的画。

每当得了好画，朋友的父亲便挂在客厅里，雷打不动地细细端详，背着手在画前踱来踱去，时而点头，时而叹息，如痴如醉。若心头好被人捷足先登，便茶饭不思，捶胸顿足，几近疯癫。母亲拗不过他，只得随他去，只是人前人后诸多抱怨："这些东西，不当吃不当喝的，有什么用？"

后来，朋友的父亲追随着时代的潮流下海经商，头几年也风光无限。再后来，生意失败，家道中落，甚至欠了一屁股债。最艰难的时候，母亲出去给人打粗工，挣得一份口粮。旁人劝她，把你家老头藏的那些字画拿出来卖了吧，估计值不少钱呢。她只是笑，那些是他的命根子呀，哪能卖。

他们确实没有动过卖字画的念头。那一份痴念与爱好，纵使在铺满了尘埃的颠沛日子里，也显得尤为珍贵——眼下的一切艰难都会过去，好日子一定会回来的。

朋友说，父亲去世之后，他找一些行家看过父亲珍藏了一辈子的字画，大多并不值钱，可是他忽然就明白了为什么他们贵如珍宝。一个人一生能有一份热爱多么重要，哪怕外人看来笨拙又无用，因为有了热爱，就可以抵御这漫长人生的变故和责难。仿佛是一种精神的寄托，任凭岁月将灵魂如何切割，亦可将其小心翼翼擦拭与拼接。

我听得有些动容。原来正是那些无用的事，成就了你的人生。

作家闫红在一篇文章中写过一个故事，我印象特别深刻：小时候，她的老家有两位舅爷，兄弟俩都非常穷，受出身之累，一辈子没有结婚，两人相依为命，老大特别能干，老二则有点窝囊。

能干的是大舅爷，家里地里都是一把好手，当过货郎，在城里给人看过大门，厨艺也很厉害，在村子里还算比较体面。小舅爷呢，笨嘴拙舌，笨手笨脚。

这两位舅爷在她眼里都是非常卑微、很可怜的那种人。而两位舅爷比起来，大舅爷还常常有优越感，觉得自己好歹不算太坏，小舅爷的一生简直白活一场。

直到有一次，闫红在小舅爷的房间看到一箱子的书，《封神演义》《水浒传》《岳飞传》等，书皮包得整整齐齐。在80年代还没通电的乡下，小舅爷常常就着煤油灯，歪在床上看那些书，看得聚精会神，物我两忘，被大舅爷训斥也只是笑笑回应。她明白了，原来卑微如蝼蚁的人生，也有你并不了解的快乐。

闫红的那篇文章叫《读书能解决我所有问题》，她在文章的结尾说："活到这把岁数，我渐渐不再羡慕别人的生活。唯一羡慕的，是站在公交站牌下，也能读进去哲学书的人。周围喧嚣繁杂，人人都在翘首望着远方，公交车照例迟缓得令人绝望。唯有那个把自己放进白纸黑字的人，掌握着自己的节奏，时时刻刻都在天堂。"

我又想起几个月前看到的一则新闻：香港的一位女摄影师，快70岁高龄了，被记者拍到独自一人到公园取景拍摄，却在长椅上睡着了，那姿态确实落魄：穿着廉价的格子外套，碎花长裤，披着一条毛巾，身旁还拖着一辆杂物小车。

她一生没有结婚，无儿无女，幼年时家境贫困，父母又重男轻女。她是家里最大的女儿，小学6年级便辍学出来打工，供养自己的弟弟妹妹。后来弟弟功成名就，买了一套公寓送给她住。她现在仍然独身一人，住在弟弟赠送的房子里。

她叫周聪玲，她的弟弟，就是著名的香港电影明星周润发。

年轻的时候她在酒楼打工，被狗仔队拍到，第二天报纸上立刻登出来，指责周润发不管家人，姐姐沦落到酒楼卖点心。周聪玲非常气愤，她觉得自己做的是正当工作，靠自己的双手赚钱，有什么可丢人的？那时候她已经爱上摄影，正计划拍一个午后系列，就上午到酒楼卖点心，卖完之后可以享受免费的午饭，然后再背起相机到处拍摄。

贫穷、孤独、落魄……如此惨淡的境遇，周聪玲因为爱上摄影，她和闫红那个爱读书的小舅爷一样，有着自己精神世界的天堂。多年之后，周聪玲在摄影界小有名气，在铜锣湾开办个人摄影展，20多幅展品都是以蜻蜓为题。难度最大的是拍摄网脉蜻蜓，她花了十多年才追踪到，因为这种蜻蜓很敏感，见到人就飞走，有时候她蹲守在草丛里几个小时，浑然不觉时间的流逝，成功拍到的那一刻她会开心得跳"蜻蜓舞"……

我不禁唏嘘，这样的两个人，命运待他们都不算宽厚，他们孤苦、贫穷，孑然一身，但幸运的是，他们有一项爱好，读书和摄影，这些看似无用的事，并不能让他们摆脱贫穷和凄苦的命运，却拯救了他们的人生。正是因为有一项爱好，让他们专注其中，将命运的洪流抵挡在了心门之外，在命运的谷底，活出了属于自己的快乐和自由。

前段时间，我一个闺蜜向我倾诉烦恼，她问我，你怎么每天都这么开心？我说，多看看你拥有的，不要和别人比较；最重要的是，只要活着，就能干自己特喜欢的事儿，就很开心了啊。

有一件自己特喜欢的事儿，真的这么重要？真的，哪怕它看起来很无用。

因为它让你在浩如烟海的宇宙中，不再觉得自己如微尘般孤单；让你在漆黑的思维丛林里，找到光亮和出口。因为它让你在人生无法避免的沟壑之中，拥有向上的力量；让你在迷惘和痛苦的时候，不会失去心灵的宁静。

你说我每天写作有什么用？每天5点多起床读书有什么用？正是这些无用的事，成就了我的人生。它让我知道自己是谁，为什么活着，该往哪儿去；它让我每天都高高兴兴的，为了多赚一点时间留给这些事，认真、努力、勤勉地工作。

单身时光，像金子一样珍贵

此刻坐在温暖明亮的客厅里写字，生活被照顾得细微周到，波澜不惊。偶尔会想念过去的单身时光，虽充满迷惘和焦虑，也轻盈而浪漫，像生活在云端，仿佛每一天都是约会的日子，好像下一个转角就会有奇遇。一个人抵御生活的坚硬无常，也享受日子馈赠的自由和活泼。

单身时光，真的像金子一样珍贵啊。

昨天，有一位 23 岁的女生忧心忡忡地问我："如何才能遇到那个对的人呢？我 23 岁了，感觉不会遇到那个他了……"她担心自己"剩下"，已经焦虑得整晚失眠了。

不知为何，总感觉现在年轻姑娘活得太精明太功利，恨不得 20 几岁就过上四平八稳的生活：买好房子车子，结婚生小孩，唯恐落后于人，从此岁月静好，现世安稳。

年轻姑娘对于婚姻的想象过于浪漫和虚幻：童话般的盛大婚

礼，闪瞎眼的钻石戒指，有一个人爱你如生命，从此再也不会孤单寂寥，只需享受幸福和圆满就好。

婚姻固然有其美好之处，但绝不是"从此过上幸福的生活"，它是另一个复杂的开始：琐碎，重复，无聊，充斥着责任和担当，真正考验一个人的耐心和智慧。

还有重要的一点是，结婚了，比单身时更容易有一种捉襟见肘的感觉。对时间、精力、能力和信心的捉襟见肘。总觉得要像个真正成熟的大人那样去生活了，再艰难也要维持一点颜面，再不济也要撑起表面的那点儿风光。因为对家庭的责任，不得不放弃一点个人的闲暇，把赚钱作为生活的首要目标。就像《蜗居》里海清说的，一睁眼，就要算算这一天得挣够多少钱才能把生活维持下去。

房贷和孩子的教育费，这两大支出，让多少夫妻殚精竭虑，也只能维持体面点儿的生活。没有时间精力去伤春悲秋，也不再对变化表现出强烈的好奇和敏感。原本文艺到不食人间烟火的少女，好像在结婚之后真的不那么文艺了，看话剧听讲座的次数越来越少，对于痛苦不再那么敏感，对于快乐的感受也不再那么强烈。

我的朋友卢璐，在一篇文章里写过这样一件小事——

她和她的先生卢中翰本来约好一起吃饭，庆祝结婚纪念日，已经订好了餐厅。快下班的时候，先生打电话回来说，公司临时有应酬，得陪老板吃饭。

结婚纪念日被老公放鸽子了！

卢璐说："我应该生气，撒娇耍赖发脾气，让他心生愧疚，让他无可奈何，让他低声下气地哄着我，让我享受做公主的感觉，然后再放他一马，让他心生感激。"

可是事实上，她的第一反应，居然是窃喜。

为什么呢？

因为"不用等他吃饭，不用化妆，找衣服，穿高跟鞋，不用低声下气地求阿姨来加班，可以把文章整理好，用公众号发出去……这种感觉好得就像是，走在路上的时候，突然从天上砸下来一笔钱。"

单身姑娘看了也许心生悲凉，可是作为已婚妇女，我真的太感同身受了。

因为生活已经耗尽了我们的全部力气，我们真的再也拿不出多余的精力，去在意仪式感的恩爱，去发脾气，吵架，让他哄着让着。真的，太累了。不是不想去在意，而是我们消耗不起。也因为笃定了一颗心，要和他一起走下去，共同承担风雨，所以对偶尔的意外和泥泞多了包容和宽宥。

除非你超级有钱，有钱到可以逃避这些琐碎的日常。不然，平凡夫妻，婚姻生活的单调乏味，还有家庭的责任感和压力，真的很容易让一个人感到深深的无力。

婚姻生活是凝固的，是被日程表排满的；单身时光是流动的，像约会一般诗意和轻盈。

为什么我劝你珍惜单身时光？别误会，不是因为我的婚姻生活多么差劲，而是因为，未来还有几十年的时光去慢慢感受和体会，等到心智足够成熟再进入婚姻会更好；更是因为，20几岁的单身时光，真的特别短暂而珍贵。

想想看，你有一份工作养活自己，不用再向父母伸手讨要生活费，经济上有了一定的自由。你有了独立的空间，也许买了房子自己住，也许和朋友合租，都很不错，你终于有一段时间，生活可以完全由自己做主。

房间想布置成什么样子，完全按照自己的心意；晚餐想煮点什么，或者叫份外卖，也不用和谁商量；周末想去哪儿，和谁一起，也不用跟什么人汇报。

单身时光，也是一生中难得和自己相处，独自行走的一段旅程。这个时期，你的生活是向外探索的，你会常常认识新的朋友，一群人在夏天的夜晚喝啤酒聊天。交友的原则也全凭自己喜欢，而不是因为他是孩子同学的家长，或者老公的同学同事，而强行建立起来的社交模式。你不会有那么多身不由己的应酬和事务性的约会。

你可以独自去旅行，享受天地苍茫之间的寂寥和辽阔，看一尾鱼跃出海面，看雪山、大漠和日出，看生活在这个世界每个角落的人，有着怎样的欢喜哀愁。看自己的内心，最向往的是一幅怎样的未来图景。独自旅行，是向内心深处的远游，是一种自我发现和探索，也是单身生活中的吉光片羽。

当你一个人走过了很多路，看到了世界的辽阔，你会容易释然。

至于什么时候才能遇到那个对的人，这件事完全不用着急和太过焦虑。我不是说你让自己变得更好，就会遇见那个对的人。而是想要告诉你，20几岁单身的时候，要珍惜时光，用更加冒险的方式。

我建议你多谈几次恋爱，不要害怕受伤，没有什么比谈恋爱更能让一个人了解自己了。没有什么感情是失败的，你经历的一切都是收获，帮助你认识和了解自己，了解你真正想要什么样的婚姻生活，以及想找的是什么样的人。
没有什么是一蹴而就和一劳永逸的，包括感情。

单身的时候，每一天都是甜美的冒险。尽情去玩，去疯，去旅行，去交朋友，去学习和探索。重要的是，建立自己独立的人生，你要慢慢积累自己的能力、眼光和财富，你要有可以依靠自己坚实地站在大地上的东西。

我很庆幸自己，20 几岁的时候，没有急急忙忙把结婚作为人生的目标，做了一些好像虚度光阴的事情，但是这样的探索和尝试，让我最终找到了真正的自己。所以，我也想告诉你，慢一点儿，享受单身的时光吧，因为它像金子一样珍贵。

你走的弯路
每一步都算数

写给 25+ 女孩的 10 条建议

1. 别再指望世界把你当成公主

这个世界上几乎所有男人都明白，要过上理想的生活必须靠自己去奋斗；而女孩们则会幻想凭借年轻美貌征服世界、征服任何一个优秀的男人。就像每个女孩都做过公主梦，幻想着有一天白马王子驾着七彩祥云来拯救我们，从此过上幸福快乐的生活。但是如果你已经过了 25 岁，这个梦该醒醒了。

25+ 的单身女孩，周围仍有大批追求者送花请吃饭，各种溢美之词听多了真以为自己是全世界的公主，任性地觉得得到一切是理所当然，无理取闹亦可以被原谅。事实上，你并不是全世界的公主，没有人会一直纵容你的任性，所谓的包容和懂得，也不过是男人追求你时格外耐心而已。早点认清现实，用现实的态度对待生活会避免走很多弯路。

2. 别再患得患失，请活在当下

25 岁，有的女孩还在校园里读着研究生，有的女孩已经成为辣妈，更多的可能是初入职场两三年的小白领。无论何种状态，既然选择了目前的人生，就别再患得患失，不必和同学朋友们比较，活在当下就好。

活在当下，意味着你把有限的时间和精力，用来专注于做好眼前的工作，过好目前的生活，这是一种最高效，也最能让你感觉到内心充盈、有力量的生活方式。所以我觉得最好的人生态度就是曾国藩说的"未来不迎、当下不杂、既往不恋"。专注于此时此刻，单纯地做好每一件当下的事，你的未来一定不会差到哪儿去，因为每一个当下就构成了全部的人生。

3. 相信爱情，但不必恨嫁

也许你已经修成正果，也许你谈过几次恋爱，无论如何，请相信爱情。即使分手了，当初决定要在一起的两个人也是真诚的；分手也并不是恋爱的失败。亲密关系能够使人真正认识自己，并迅速成长，所以不管结局如何，感谢那个陪伴你一起成长的人。

25 岁还很年轻，重新开始学习爱的功课并不迟，所以不必恨嫁，不要害怕被剩下而急着走进婚姻。两个相爱的人结婚是美好的事，但是为结婚而结婚则容易酿成可悲的后果。婚姻意味着

你走的弯路
每一步都算数

另一个复杂的开始，当你拥有了足够的心智成熟度，做好了面对和解决复杂问题的准备，才是最好的时机。

4. 努力工作，警惕频繁跳槽

努力工作，是一个人的立命之本。女孩要靠自己坚实地站在大地上，因为只有自己双手奋斗来的生活才是最可靠的。25 岁初入职场，最好抱着学习的心态，眼光放长远，切不可心态浮躁，稍不顺心就辞职走人，为了千把块加薪频繁跳槽也不可取。

职场里可以学习的很多，除了工作技能，还有为人处世的技巧，做人的格局，眼界和价值观。我不太赞同工作头几年频繁跳槽，一定要踏实一点，努力学，努力做，慢就是快。

5. 健身、护肤、读书，内外兼修并不难

我说过，一个人对待自己形象的态度，就是对待自己人生的态度。毋庸置疑，25+ 的女孩一般都会把健身和护肤当成重要的事；其实修炼内心和修炼皮囊一样重要。说读书会改变一个人的容貌听起来有点玄，但可以肯定的是，爱读书的人视野更开阔，看问题的角度更多元，处理问题和面对人生选择的时候更有智慧。

抛开这些所得，读书本身也是一种享受，它能让人安静下来，

享受纷繁坚硬的俗世生活之外的片刻宁静与柔软。所以，请每天读书一小时吧！其实内外兼修并不是一件很难的事。

6. 培养一个可以发展成"第二职业"的兴趣爱好

互联网的发达，使得你有任何一样小技能都能借助互联网兑换成收入，这真是最好的时代。我 2004 年开始在大学的论坛原创版写文章，2008 年开始关注电商，注册了淘宝店。"写东西"和"卖东西"是我业余的两大兴趣爱好，但是这两样兴趣能够带来收入的背后，是多年辛勤的学习和付出，从来没有一劳永逸或不劳而获的事。

因此，我可以在积累够了资本之后，辞职做自由职业，并且生活质量还不错。所以，从现在开始，培养一个可以发展成"第二职业"的兴趣，这个兴趣一定要是你真正喜欢的，即使没有收入，没有外力驱动，你也会很开心地做的事。

7. 多交朋友，多去看看这个世界

我很喜欢和 90 后做朋友，也有很多 25 岁左右的朋友，因为从你们身上我学习到很多新锐的思想，也常常被你们的多元价值观和创造力影响。当下这个世界是属于 90 后的，很多年轻人都已经在自己的领域做出了有影响力的业绩。

25+ 是最好的年龄，多去交朋友，多去看看这个世界，有交流和碰撞会更有收获。即使没有旅伴，一个人旅行也是不错的体验，当你的视野开阔之后，才会看到这个世界的精彩和多元，也明白不只有一种生活方式。旅行和交朋友，都是很好地认识和了解自己的契机。

8. 试着欣赏你不喜欢的那类人

我在 20 岁出头的时候，只喜欢和文艺青年混在一起，不屑于和那些"世俗"的人做朋友。现在才明白自己多么无知而狭隘！所以，请试着去欣赏你不喜欢的那类人，因为每个人身上都有他的闪光点、他的智慧，这些闪光点和智慧都是值得你学习的地方。

包容和理解这个世界的差异，会活得更加平静宽容，充满喜悦。我也是年近 30 才明白，就像毛姆说的："你不是世界的中心，你只是世界的边缘。"你可以不认同一个人的观点，但这并不妨碍你看见和学习他身上的闪光点。

9. 现在开始孝敬父母，不要等到他们老去

25+ 的女孩们，幸运的是父母还很年轻，还把你们当成孩子一样呵护。我却想说，请从现在开始孝敬父母，别等到他们老去。那么什么是孝敬呢？前几天看过一篇很好的文章说："孝敬就是

和父母好好说话。"

是的，也许他们的观念陈旧，跟不上时代了，可是每一个唠叨都是为了我们好，所以千万不要总是不耐烦，用嫌弃的口气和爸妈说话，他们会很失落很伤心的。每周打几个电话问候一下，陪父母好好聊聊天，就是最大的孝敬。如果有条件，还可以多带父母出去旅游，教他们享受最新的科技，让父母跟上这个时代。

10. 想清楚自己到底要什么样的人生

25 岁，最重要的是，想清楚自己到底想要什么样的人生。因为 25 岁，虽说年轻，但是容许你试错的时间也不会太多了，30 而立的年纪更好的状态是稳定的前提下活得丰富有趣。所以我觉得，25 岁的决定可以影响到一个人一生的格局。

关于事业，关于感情，是时候好好梳理一下，想清楚自己到底想要什么了。趁着还有时间试错，多去尝试，多去体验，因为只有当你真正亲身经历了，才能体会到一份工作、一份感情或者一种生活方式适不适合你。

25 岁，人生最美好的年龄，生命的华彩正在缓缓铺开。去奋斗和经历吧，愿每个人的青春都没有遗憾和后悔，各得其所。

聪明的活法，是活得有弹性

　　以前在大公司上班的时候，有一次出差，同行的有一位总部高层领导，我们在酒店富丽堂皇的自助餐厅吃饭，刚好和那位高层领导坐一桌。领导说，他住过很多国家的很多酒店，其实最怀念的，是某次野外地质考察，住过的 50 块钱的小旅馆。

　　那是西部的一座高原小城。天空和云朵都很低很低，到了夜晚，漆黑的夜空里可以看到明亮的星星，不像在你的头顶，而是在你的周围，前后左右。人被星星包围着，在宁静的、辽远的地方。多像一个清丽的梦境啊。

　　原来 50 块钱简陋的旅馆，是可以被怀念的。原来不只有五星级酒店、头等舱和爱马仕才是最好的生活。

　　我想起少女时代我最喜欢的女作家三毛。

　　三毛的一生，活得自由洒脱、精致而梦幻。曾被一个细节感动：三毛回国，坐的是三等舱，和山野渔夫、底层平民百姓共处于拥挤嘈杂、混合着各种气味的空间里，怡然自得，并和他们打成一片，聊得欢畅无比。

有人问三毛，你是知名作家，为什么和这些人混在一起？为什么不买头等舱？你又不是买不起。三毛觉得，这些人身上才有最生动的生活。

那位高层领导和三毛一样，都不觉得以自己的身份，应该去住什么级别的酒店，坐什么级别的飞机，和什么级别的人打交道。他们过的，是一种弹性的生活。

著名的投资大师查理·芒格也很喜欢弹性的生活。他的公司有自己的私人飞机，却喜欢和普通人一样坐国家航空。他的助理曾经问他，为什么不坐自己的私人飞机呢？查理·芒格说："因为我喜欢参与生活当中，而不是被隔离在生活之外。"

什么是最好的生活？

我也曾听很多人这样标榜自己的品位：车子我只喜欢什么牌子，电脑我只用什么牌子，衣服我只会去逛哪几个牌子……把品牌的 logo 往自己身上一贴，好像就活得比较高级，令人羡慕。

还有一种人，也许是芸芸众生中的大多数，放不下自己的身段，觉得到了某个年龄某个职位，就一定要有怎样的标配，略有不足，就觉得屈就，配不上自己的身份地位。他们焦灼又拧巴，将良辰美景虚掷，我只觉得这样的人刻板又乏味。

因为当你把自己套进一个标准里面，就难免变得坚硬、无趣，作茧自缚。

在我看来，最好的生活，就是可以过弹性的生活：不是非这样不可，别样亦可；在任何的际遇和环境里，都可以发现美好和有趣的一面，并心怀感恩；对于偶然和意外，能够迅速适应和调整，把失去活成另一种获得。

听起来很简单，却不容易做到。因为它考验的是一个人的心性、格局、眼界和价值观的总和。

有一次我跟团去旅行，可能因为是特价团，整个行程下来，意外连连，惊吓不断。首先，飞机延误。在机舱里绑着安全带，百无聊赖地等了3个多小时，依然不知道何时可以起飞。这个时候，有人破口大骂，嚷着要旅行社赔钱，要航空公司赔偿损失。我邻座的那对母女，却一直安安静静，时不时发出小女孩快乐的笑声。在起初得知不能起飞的时候，小女孩也很烦躁，妈妈就读书给她听，渐渐进入故事里安静了下来。后来，她们还一起玩猜字游戏，外界的嘈杂与混乱好像与她们无关。

到酒店的第一个晚上，就下了雨，所以原来安排的篝火晚会只能取消了。很多人也是怨声载道，窝在房间和酒店的大堂里打牌、聊天。我注意到那对母女，向前台借了两把雨伞，然后独自出门散步了。回来的时候，小女孩的裤子和鞋子上都沾满了泥水，可是她的笑容告诉我，她有多开心。认识了很多在城市里没有见过的动物和植物，手里捧着一把不知名的野花，说要带回北京去。

我不由得很敬佩那位妈妈。只有她在意外和不确定中，从容淡定地发现生活的美好和惊喜。

我的一位朋友，全家几年前移居加拿大生活，父母退休之后，也跟过去和他们一起生活。刚开始，朋友担心两位老人不适应，还特意请了一周的假陪他们熟悉环境，带他们到处转转，认识朋友，给他们安排以后每天的节目。

因为父亲退休之前是领导，生活里忙碌热闹惯了，朋友担心他在加拿大会不会感到失落和冷清，心理落差大。没想到，一个月之后，父母已经把生活过得有滋有味，父亲找了个比萨店的工作。朋友很吃惊，父亲在单位里好歹也是二把手，如今异国他乡居然沦落到做比萨？父亲不以为然，说："终于可以捡起年轻时的爱好，过另一场人生了。"母亲也没闲着，去找了个古筝的培训班，从零开始学起了古筝，后来在社区的新年活动上还演奏了一曲，因此认识了很多有共同爱好的新朋友。

朋友看着父母并没有像当初他担心的那样，失落，孤单和寂寥，他也由衷地钦佩，他们是多么有智慧的人啊，把生活过得有弹性，把日子过成了诗，每一天都有新的发现和期待。

曾经有人说；"生活在哪里都一样，不一样的是你怎样去生活。"

生命是一出出的折子戏，也许惊喜连连，也许
充满委屈和泪水。如果和你携手走一走人生路
的那个人，你们彼此相爱和懂得，那么所有的
悲欢都有了滋味，吃苦也是一种幸福。爱情是
一种信仰，是我们最不该妥协的一件事。

当你觉得读书写作业很苦的时候，你发现连小朋友也要每天早早背着书包，挤着校车去上课，下了课也要参加五花八门的补习班；当你抱怨工作压力大，薪水又少得可怜的时候，发现美国的年轻人，也会经历一段只租得起廉价公寓，还要还学生贷款的苦日子；当你感叹日复一日，生活没有新鲜感和激情的时候，你会了解，任何一个行业的佼佼者，都经历过机械重复的初级工作，才一步步走向金字塔的顶端……

为什么有些人，可以在平淡、庸常又忙碌的生活里发现诗意与美好？因为他们的心是有弹性的，是好奇的，是可以享受最好的，也可以体验最差的。

生活在哪里都一样，不一样的是你用怎样的心态、怎样的情怀和智慧去生活。最聪明的活法，是活得有弹性，是拥有一颗好奇的心，一双善于发现美的眼睛，不管顺境逆境，都可以活出自己的光芒万丈。

万人撩你，不如一人懂你

单身的那些年，我有一个很要好的朋友叫落落，我们常常一起吃饭逛街，吐槽奇葩相亲男。

落落是个白富美。我第一次逛银泰，围着星光熠熠的 Tiffany 柜台做花痴梦就是和她一起；第一次买 Burberry 的羊绒围巾、Lamer 的神奇面霜也是她开车带我去采购。拜她所赐，在工作后的四年时间里，我终于从一个土村姐，变成稍微有点洋气的都市文艺女青年。

落落单身了很多年，所有人都觉得不可思议，因为她是那种99% 的男生都喜欢的女神类型。平均每个礼拜都有新的男生跟她表白；她经常莫名其妙收到大束玫瑰花，卡片上是陌生又神秘的名字。

也不是没有过短暂的情缘。可是那个说爱她，没有她活不下去的男生，最后翻脸的速度比翻书还快。落落失恋的那天，哭着跟我说："其实他没有喜欢过我，他喜欢的只是美女而已。"

落落喜欢一个人去旅行，假期常常飞到海岛去潜水；喜欢读哲学和心理学的书，周末常常在书店一待就是一整天。可是前男友只想周末宅在家里看球赛，对那些艰涩的书籍觉得不可理喻，认为落落就是想得太多，所以才会多愁善感，太难搞，不是那种宜家宜室的女孩。

落落说："万人撩你，不如一人懂你。撩姑娘只是套路而已，可是真正懂得好难，只有懂你的人才会真的爱你。"

所以很多看起来条件不错的姑娘，也一直不少人追，但就是没有恋爱，也许就是因为没有遇到那个真正懂的人吧。

好几年前，我曾在敦煌旅行。印象最深刻的，不是鸣沙山的日出，月牙泉的奇观，或者玉门关的壮美，而是敦煌国际青年旅舍的老板和老板娘。

据说这对情侣是北京人，两个人都很喜欢背包旅行，厌倦浮躁又麻木的都市生活。他们一起走了很多地方，30 岁那年在敦煌停留下来，开了一间青年旅舍。旅舍的大堂是书吧，白色的书柜立在茂盛的植物后面，狗狗在书桌下窜来窜去。

老板娘很喜欢狗，她那只最大的狗叫肉肉，我不认识是什么品种，总之体型巨大。我们每天从旅舍进进出出，经常看到老板娘抱着狗狗亲啊亲的，老板在吧台后面一边擦着玻璃杯，一边宠溺地看着她。忙完已经到了午夜，两个人就牵着手去沙洲夜市吃烧烤。

后来同行的小伙伴告诉我，其实老板是名校毕业，在北京的时候有非常优越的职位和薪水，后来辞掉工作卖了房子，只为了给老板娘开这间青年旅舍，陪她在这偏僻的小城定居下来。其实老板娘算不上美女，如果在北京，也许她只是众多小白领中的一个，埋首于枯燥乏味的格子间，下班后奔赴各种各种的聚会。我想他们选择了这样的生活，一定是真正彼此懂得的灵魂伴侣吧。幸福从来和物质无关，而是有一个懂你的人，陪你过你喜欢的生活。

作家廖一梅说过："每个人都很孤独，在我们的一生中，遇到爱，遇到性，都不稀罕。稀罕的是遇到了解。"

我有一个朋友，非常信奉"年轻的时候不属于做对的事"，他曾经有好几年的时间，每天流连于各种酒吧和夜店，带不同的姑娘回家。可是他跟我说，真的一点都不快乐，除了孤独还是孤独，除了空虚是更深的寂寞。肤浅的关系永远填补不了内心的空洞；人们终其一生追逐的，不是遇到很多爱，而是遇到懂得和理解。有多少人因为一个"懂"字，如飞蛾扑火一般一头撞进未知的命运？

年少的时候，我读张爱玲，也曾为她爱上胡兰成感到可惜和不值。可是她说："爱就是不问值不值得。"胡兰成出轨，她还寄去稿费资助他逃难，去看望他，遭遇多少冷眼与不堪。

23岁名震上海滩，文章写得妙极，又拥有青春和美貌，张爱玲当时应该不乏青年才俊追求者，为什么她唯独对胡兰成这样一个其貌不扬的中年男人动心？而且胡兰成当时已经有了第二任妻子。

后来我读胡兰成的《今生今世》和《山河岁月》，虽然很讨厌他文笔的矫情做作，但是也明白了，他到底是懂张爱玲的，明白了什么叫作"因为相知，所以懂得；因为懂得，所以慈悲"。

越有才华的人，越能体会到深入骨髓的孤独，而胡兰成是与她心灵共振的人。哪怕结局破碎不堪，有过那样的相知和懂得，也许真的可以对一切的际遇和变数心怀慈悲了吧。

在感情里，关系的深度，本质上取决于理解和懂得的程度。所以最好的亲密关系是，你们懂彼此的快乐，也懂彼此的痛苦；可以彼此分享，也可以交换能量。

美剧《纸牌屋》里，很多男人喜欢克莱尔，喜欢她的优雅、聪慧、得体。克莱尔，却不是一个适合娶回家做老婆的傻白甜，她其实野心勃勃；她被自己的野心和欲望燃烧，痛苦不堪。大多数男人都不会喜欢有野心的女人，他们更喜欢一个美女有着"婴儿的头脑"，简单，容易掌控，令人轻松愉悦。

只有穷小子伍德，看懂了这个被野心折磨的富家女，因为他有着一样被野心和欲望折磨的痛苦。他们是同类人，是一国的：轻松惬意的生活固然令人愉快，可是快乐是那么肤浅和短暂；内心的巨大渴望无法被这肤浅的快乐安抚，在深夜里销魂蚀骨。

所以那么多人爱她又如何？如果不能在本质上被懂得，一切的爱和仰慕都是虚妄，甚至是一种负担。只有彼此真正懂得，才有发自内心的接纳和认同，才能彼此交付灵魂，才有真正的亲密。

为什么那么多人撩你，却没有一人真正走进你的心里？

因为爱和懂得都是可遇不可求的事。两个人思维不在一个频道，三观背道而驰，约会再多次也是枉然。一个人，也许会因为你漂亮、有钱、有才华等很多优点而喜欢你，但是真正的懂得是超越这些的。

懂得，不是讨好和迎合，不是消灭差异，也不是学习情感专家的撩妹大法就可以修炼出盖世武功。而是两个灵魂的相遇，是两个生命本质上的认同，两个人拥有精神世界相似的风景。

如何遇到那个懂你的人？一个人只有先懂自己，向内探索，理顺和自己的关系，明白"我是谁"；才能对外征讨，寻觅到彼此懂得的人，彼此联结，建立高质量的亲密关系。

我们每个人都是独一无二的。但是请相信，你不是孤岛，总有一个懂你的人，会穿越茫茫人海找到你，哪怕你为遇见他已经花光所有运气。

愿你终将遇见属于你的那份懂得。

请活成你自己，而不是任何人

第五章
CHAPTER
5

不是所有人都配得上我的"有趣"

有人说，有趣是一辈子的春药。

前几日，我在闺蜜群里和颜辞、林宛央她们聊"有趣"这个话题，到底什么样的人才有趣？

众说纷纭。有人说，有趣就是有幽默感，你和他在一起感到很放松，很开心；有人说，有趣是知识面广，阅历丰富，你和他聊天总是可以吸取到新鲜的讯息；还有人说，有趣是相互懂得，是知己难觅，一个人眼里的有趣，在另一个眼里也许就是无聊。

我忽然想到多年前看的一部电视剧，叫《好想好想谈恋爱》，讲的是几位大龄单身女青年的故事。其中有一个桥段，蒋雯丽饰演的女主角，遇到一个钻石王老五，她不敢动心投入去爱，于是有一次王老五约她，她派自己的闺蜜先去应付，自己再思量到底要不要赴约。

镜头里，是在一个高级西餐厅，极尽精致和华丽的场景，王老五和蒋雯丽的闺蜜却各自百无聊赖埋头喝东西,闺蜜几次试图打开话匣子,对面的王老五都草草敷衍,气氛真的尴尬极了。

后来,蒋雯丽盛装出现,王老五的脸上立刻写满惊喜,气氛马上变得活泼热闹。原本沉默的男人,此时就像一个相声演员,各种风趣幽默,气氛从尴尬和百无聊赖变得非常有趣。原来,如果把一个人比作一个多棱镜,那么"有趣"只是其中的一面,没有人在任何时候、任何环境下都是"有趣"的。一个人的"有趣",只会给他喜欢的人。

原来,如果我们只通过有限的观察和互动,去主观地判断一个人是否有趣,真的大错特错啊。

20岁的时候,我像多数文艺女青年一样,对"有趣"疯狂着迷,对枝繁叶茂的离奇际遇有着偏执的期待。

那时候,真的盛气凌人,走路的时候,都是鼻孔朝天,脚底生风。和多数文艺女青年一样,我只喜欢有趣的人。我喜欢的人,他一定要读过很多书,我们可以从诗词歌赋,聊到人生哲学。他必须有丰富阅历和不凡的洞见,可以在精神层面给我指导和引领。

当然,有趣的人毕竟罕见,所以20岁的年华,我大多数时间都埋首在各种书籍里,去邂逅那些有趣的作者,比如苏轼,比如村上春树。

和有趣的人谈场恋爱,大概此生无憾吧。

时隔多年，还记得作家绿妖和民谣歌手周云蓬那场轰轰烈烈的恋爱。记者采访绿妖，为什么和周云蓬在一起？绿妖说，人生这么短，一定要找个有趣的人，有趣多难啊。分手的时候，她在微博上写：爱过，圆满。我想我懂得，那一场雪崩般的遇见。

相遇的时候，我觉得你是全世界最有趣的那个人，你也发现我与众不同的特别，我们在一起总是有聊不完的话题，说了再见之后还想再见。平常得不能再平常的风景，微小得不能再微小的事情，在我们眼里都是有趣的，有着特别的意义。

但是多年后回首，更加懂了，一个人的情绪能量是守恒的。他有多少有趣，就有多少无趣甚至令你无法忍受的地方。就像一个人不可能永远是快乐的，只是他悲伤的时刻没有让你看到罢了。

我们怎能只和一个人的"有趣"恋爱呢？如果你爱上一个人的"有趣"，当你看到他完整面貌的时候，多半会是失望的吧？所以分手的时候，我们决计不会再觉得那个人有趣。一别两宽，各生欢喜，已经是最好的结局。这世间有多少佳侣最后成了怨偶，在时光里渐生龃龉，相看两厌。绝不是因为他不再有趣，而是爱情不见了，你无法再点燃他的积极情绪，也无法撩动他内心的风景。

我有一个作家朋友，他以前的职业是英语老师，他的课以幽默风趣著称，学生都特别喜欢上他的课，因为他总可以把枯燥的知识点讲得特别有趣。但是离开课堂，他是个特别沉默寡言的人，更谈不上有趣。好像他的能量都消耗在课堂上了，他在工作状态的时候太有趣，所以生活中就需要保存有趣的份额。

和那个朋友相反，我在工作状态是特别无趣的，对同事们也没什么好脸色。但是我在家人和朋友面前，就好像被激活了"有趣"这个开关。在我的价值观里，我的"有趣"是要给喜欢的人，并不是所有人都配得上我的"有趣"。

我的"有趣"，意味着我想和你分享我的生命，我的见识，我的价值观。

人生路漫漫，与其找一个"有趣"的人，不如找一个情投意合的人，彼此激发出对方的"有趣"，然后一起去探索这个有趣的世界，才是真的"有趣"啊。

别在最该买买买的年纪谈省钱

大学毕业两年的表妹，最近参加完同学聚会，愤愤不平地跟我说，为什么大家同时起步，毕业两年差距就那么大？

她说的是她隔壁宿舍那个女生，Linda。

刚毕业的时候，表妹和 Linda 都是拿着几千块薪水的职场新人，大家环境和收入相当，和念书的时候一样，彼此看起来没什么差别。

表妹很节俭，为了省钱在郊区租的房子，每天坐 40 分钟地铁上班。平时也不舍得逛街买买买，穿的还是大学时候的那些衣服，周末的娱乐活动就是看书看电影，或者逛免费的博物馆。她也没交什么朋友，因为交际总是要花钱的，去唱歌或者去酒吧喝酒，每次至少都要付掉好几百。她很懂事地把钱都存着，两年下来攒了 6 万块。

Linda 恰恰相反，工作第一年几乎就是月光。她在公司附近租房，房租用掉大半的薪水。钱不够用，就下班在地铁站附近摆摊卖饰品，网上找一些兼职的翻译，给一些品牌写写广告文案，居然每个月也有好几千块额外收入。她很快变成了时髦精，穿衣水准提升了好几个档次，更是一掷千金地去上培训班，听收费高昂的讲座，第二年就跳槽去另一家公司，工资直接翻倍。

在变得漂亮自信的 Linda 面前，表妹看着仍然拿几千块工资、穿得像灰袋鼠般的自己，当然是有点自卑，也很不服气。

其实我能理解表妹。因为她妈妈也就是我姑妈，从她小时候就教导她要朴素、要节俭。我小时候去他们家吃饭，买点肉馅炒个花椰菜，就算是硬菜了。表妹很少买新衣服，姑妈总到我家捡我不穿的衣服给表妹穿。

别误会，其实他们家境不差，就是习惯了过日子要节俭，表妹是穷养长大的小孩，对基本生活之外的消费，都有负罪感。

但是我现在很想告诉她，别再用上一代贫穷的观念指导你的人生，20 多岁的年纪，最重要的事是花钱投资自己，千万别在最该买买买的年纪谈省钱。

花钱投资自己，让自己变得更美吧，更美你才会更自信。自信带来的价值呢？是你的能力多倍增加，因为自信的力量是最大的。人一旦有了自信，就会干成别人认为你做不到的事，也会干成你自己不自信的时候认为自己做不到的事。

还记得那个 BOSS 西装的故事吗？

韩国《DDANZI 日报》社长金语俊，在"青春 Festival"节目上做过这样一次演讲——

金语俊年轻的时候背包去欧洲旅行，在巴黎街头一个西装店看上一套西装，然后他看价钱，折合韩币大概是 12 万。当时他身上一共有 120 多万，就想直接买了，不过仔细一看，原来后面多个 0，是 120 万……

120 万！比他过去 20 年买的所有衣服加起来都贵。

他还有计划两个月的行程要走。但他实在没法儿脱下来，镜子里那小伙简直帅得掉渣，于是，他陷入苦恼，脑子里飞快地列出 3 个选项：

1. 算了，走吧。
2. 等哥到了 30 岁，再回到这里，买件最称心的西装吧。
3. 等等，后面的两个月，不是还没到吗？

当他想到第三个选项，就果断买下了那件西装，没有钱住旅馆了，就去公园露宿。后来才知道，那件西装的牌子叫作 BOSS。

第二天早上一醒，他就开始发愁了，现在身上只有 5 万，怎么办？他拿着这 5 万，去找了一个宾馆住了一晚，第二天早上，他边结账边说："老板，我去火车站拉过来 3 个客人，你就让我在这多住一晚吧。还有，如果我能拉过来 5 个人以上，就按人头

你走的弯路
每一步都算数

给我提成吧。"

老板说："行。"

当天，他只花了一个小时，就拉过来 30 多个住客。

凭什么？因为他穿着 BOSS 啊！仅仅过了一周他就赚到了 50 万。

后来他去捷克，花 50 万租了一套房子。然后直接去了火车站，雇了几个帅哥美女来拉客，生意越来越好。他在那当了一个月的皮包老板，吃得好，睡得香。当离开捷克的时候，他兜里一共揣着 1000 多万。

金语俊说，年轻人应该正视自己的欲望，问自己，什么事能让我兴奋，能让自己幸福？而不是一味省钱，压制自己的欲望，限定住自己的向往。

花钱投资自己，去学习和探索自己擅长的事情，让自己变得更有赚钱的能力。你一定不要以现在的眼界和格局，去判断未来几年的收入。

很多人不舍得花钱，是因为怕提前透支，未来赚不到钱。这样的思维反而把自己限定住，就像我的表妹，一味省钱存钱，工作两年职位和薪水都没有任何变化。

我们写作圈的一个大神级人物，两年前失业，患抑郁症，当时的他觉得自己的人生没什么指望了。

后来他花光积蓄去学习，充电，听讲座，成了一名英语老师和演讲教练；再后来他开始在简书写作，成了最受欢迎的签约作者，公众号也做到了几十万读者关注。平时看到对自己成长有帮助的课程，哪怕费用上万，只要他卡里还有余额，就会毫不犹豫去报名。现在他还不到 30 岁，写作的收入和上班族早已不是一个量级，过上了每个写作者向往的自由生活。

其实 20 几岁的年轻姑娘，有几个不喜欢买买买呢?

一提起花钱，很多人都觉得是败家，好像只有省吃俭用，压抑着自己的欲望，把自己搞得惨兮兮才是美德，才是贤妻良母的典范。其实恰恰相反，每个富有的家庭背后都有一个会花钱的女人，有着对金钱正确的价值观；那些一味节俭朴素的，靠省钱几乎绝无可能变得富有。

人们说，会花钱的人才会赚钱，我觉得是有一定道理的。会花钱，你和金钱的关系是轻松的、流动的，钱自然也会向你聚集；把钱看得太重，一分钱都想省下来，那么你和金钱的关系特别凝重和停滞，你自然也不会想方设法去赚钱。

20 几岁的时候，最重要的不是省钱，而是要学会花钱投资自己。

一是花钱穿衣打扮化妆，让自己变得更美更自信；二是花钱学习和探索自己擅长的事情，让自己变得更有赚钱的能力。

好莱坞巨头之一，白手起家的刘易斯·赛尔茨尼克，曾告诫

你走的弯路
每一步都算数

他的儿子大卫（电影《飘》的制片人）："过奢侈的生活！大手大脚地花钱！始终记住，不要按照你的收入来过日子，这样能使你自信！"

20 几岁的你，人生还那么长，千万别压抑自己的欲望，也别用你现在的眼界和格局去打量未来；别在该奋斗的年纪谈岁月静好，也别在最该买买买的年纪谈省钱。

去买买买，去赚赚赚，去感受年轻生命的丰富和鲜活。

困在身份里，如何做自己

在生活里，我们努力扮演着各种角色和身份，我们是职员，是妻子，是女儿，是母亲。戴上属于这些角色的面具，也承担起这些角色的责任和期待，越来越少的时间可以做自己。可怕的是，面具戴久了，我们甚至忘记了自己的真实样子。

前段时间知乎上有一个问题："为什么你下班回到家后，喜欢独自在车里待一会儿？"引发广泛的关注和讨论。

我记得有人这样回答：独自在车里待一会儿，哪怕是发发呆，听听歌，抽一根烟，重要的是，这一刻完完全全属于自己。我知道一进家门，我就不能做我自己了，我必须是一个丈夫，是别人的爸爸。

有个读者有一天给我留言说，看我的一篇文章看哭了。他说，好多年没有掉过眼泪了，因为他在单位里是一个处级干部，在家里是位严父，这两种身份都不允许他展现出性格里感性的一面。身份里待久了，好像和自己已经分开多年，变得陌生。他说很感谢我的文字给了他久违的感动。

很多人都是这样，囿于一种社会身份，像个鸵鸟一样埋首于这个身份里，对生活的其他可能视而不见，甚至下意识地恐慌和躲避。

今年5月份的时候，我还在公司上班，和几个同事一起参加单位的青年节演出。选演出服装的时候，有一位同事一直叮嘱我："千万不要太露，我已经是妈妈了。"

后来我们选了七分袖的裙子，胸部也裹得严严实实。演出之前化妆的时候，那位同事连睫毛膏也不肯涂，她说："我已经是妈妈了，不习惯这么打扮。"后来我还是捉住她，用我菜鸟级的水平给她化了妆，她跑去照镜子，脸上露出少女般的微笑，情不自禁地翩跹起来。

可能因为行业的关系，我之前的女同事们大多如此，做了妈妈之后除了兢兢业业地上班，就只有"母亲"这一个角色，觉得再把心思花在打扮自己或其他方面，是件"不道德"的事。

我们为什么这样在意身份？
因为我们在意的是关系，是关系中的认同感；但是在关系之外，我们也需要放"真我"出来呼吸。

米兰·昆德拉的小说《身份》中的女主角尚塔尔，表面上是个"随大流"的好人形象，在同事的眼中，她有权威但是也亲切，在大姑子眼里，她很和善，也喜欢和大家待在一起。但是在"随大流"的面纱背后，尚塔尔有无数的面纱（身份）。

她常在开会的时候胡思乱想，看不起同事的发言；她憎恨大姑子一家，以致和前夫分开后再不和他们来往，大姑子找到她，她却忍无可忍地把他们赶走。甚至，她庆幸孩子的夭折，正是孩子的离去使她"自由"了，使她不必假惺惺地喜欢这个世界。

"我的目光再也不放开你。我要不停地看着你。" 最后，尚塔尔久久注视着马克。"情人的目光"，既表示尚塔尔与马克的爱情，也暗示着他们的自我"身份"确认——在情人的目光中确立"自己"。

其实我们每个人都是尚塔尔，在这个纷繁而又粗粝的世界里，用各式各样的身份与之周旋、对峙，也握手言和；每一个理性的人，都在努力扮演好属于不同身份的不同角色。

然而，正如尚塔尔有无数的面纱，每个人都是多棱镜，不只有一面，所以重重身份的背后，那个真实的自己尤为珍贵。

困在身份里的我们，如何活出真实的自己？

我觉得首先最重要的一点是，尽可能地选择一份自己喜欢的工作，和喜欢的人在一起。

为什么要选喜欢的？虽然不管做什么工作，和什么人结婚，都会面临各种各样随时跳出来的问题，但是选择自己喜欢的，就有解决问题的动力。一个人的心怀意念最重要，只有真实的快乐才是对一个人致命的吸引。

其次，在工作和生活之外，有一个属于自己放松的方式，哪怕看起来很任性很荒谬。

曾经看过这样一个故事，这个故事里的男人在公司里是兢兢业业的员工，在家庭里是个称职的父亲和丈夫，和朋友交往也很靠谱儿、很讲义气。

但是他有一个"怪癖"，每年都要消失一个星期，没有人可以联系到他，完完全全的失去音讯。但是一周后他回到生活里，还是以前的那个敬业的员工，称职的丈夫和父亲，靠谱的朋友。一开始妻子不理解，他坦然解释，没有去干什么坏事，只是需要一个礼拜的时间，完全和自己待在一起。他用这一个礼拜独处和放空，去消解一年来各种社会身份带来的压力和束缚感，然后再回到身份里继续扮演好自己的角色。

有的人喜欢在繁重的工作之后约三五好友喝一杯；也有人偏爱远方的浩瀚星空和大海；更有的人，只爱独处，一个人旅行，读书，爬山……什么样的形式都好，只要可以在程式化的日常之外，有放松和呼吸的方式。

最后，去做自己喜欢的事，别太在意别人的目光。

想起张曼玉曾经去参加草莓音乐节，被观众讽刺走音。可是，那有什么关系呢？她是快乐的，她才不在乎，她是个功成名就的女演员，她觉得在唱歌这条路上才刚刚开始，并且兴致勃勃。这才是最重要的，也是唯一真正有意义的。

　　当我们不那么在意别人的目光，不担心失败或者被嘲笑，放下所谓的"面子"，才能离真实的自己更近吧。

　　生活是平衡的艺术。在固有的"身份"和角色里待久了，不妨让真实的那个自我出来玩耍和呼吸，才是快意人生，活得淋漓啊。

买不起爱马仕，人生很失败吗？

最近，关于房价的讨论又掀起了新的高潮。作家黄佟佟在文章里说，她到广州十多年了都没买房子，是理性还是傻？

1999年，她刚到广州，月薪5000元，房价一平米是1900元，"我多么想穿越回1999年，拉着那个目瞪口呆的女孩跑进售楼处，随便买一套楼下来。"

是的，我们在群里聊的时候都很唏嘘。我的同学和朋友们，毕业尽快买房的，现在早就在换学区或买二套了；一直犹豫着没买，没钱买，或者不愿意花父母的钱买房的，可能近几年都买不起了。

有人感叹："不管你愿不愿面对，这就是现实。在北上广深一线城市，可能一套房子就能完成阶级的划分，这是个疯狂的魔幻的时代。"

"我都30岁了，还买不起一套房子，是不是很失败？"群里也有人这样自怨自艾。沉默很久的美亚，忽然私信我说："我都 28 岁了，连一个爱马仕都买不起，是不是更失败？"

美亚是我的师妹，当年跟我们导师做过毕业设计。我们平时联系得并不多，听说她毕业之后就没有进石油行业，而是去了某个时尚杂志做编辑——她的工作就是教人买买买和美美美。

"混在表面光鲜的时尚行业，出入大牌时装秀，也采访过几个一线明星，对一线品牌当季新品如数家珍，可悲哀的是，我连个心仪的爱马仕包包都买不起。"

看着手机屏幕清冷的光，我恍然觉得，比起买房子，为一只售价十几万的名牌包怀疑人生，好像是更魔幻的事。

我把这个事情讲给好朋友落落听，她说："你不明白的，混在名利场，大家都背爱马仕，就你背着几千块的 Coach 或者一万多块的 LV，会觉得很孤独，那种孤独感会让你觉得被全世界抛弃了。也许她喜欢的不是那个包，而是那种和周围人一样，不被抛弃和孤立的感觉。"

买不起爱马仕，人生很失败吗？
这两天，我都被这个问题萦绕着，无法释怀。
当我们追求超越我们自身购买力的东西，除了微弱的虚荣感和认同感，我们真正渴望的和缺失的，到底是什么呢？当我们的钱包撑不起我们的欲望时，我们该如何与自己和解？

以色列历史学家赫拉力在《人类简史》一书中有一个有趣的观点，大意是——

消费主义是在资本主义驱动下应运而生的。随着科技的进步，商品的种类和数目越来越丰富，供大于求之后，受资本的驱使，越来越多的经济学家和心理学家开始鼓吹消费的好处。

为了保证本国在资本市场上的利益，帝国主义也为消费主义保驾护航，于是一种全新的主义诞生了，尽管它存在不过短短几十上百年，却如此深入人心，以至于人人都觉得没有比买买买再正常不过的了。

有钱人的最高指导原则是，投资；而我们这些其他人的最高指导原则则是，购买。

我关注的一些时尚号，无一不在使出浑身解数，告诉你当季最 in 的潮流趋势，推荐哪些明星穿了什么牌子的衣服，用什么品牌化妆品，然后甩出购买链接。

所谓广告其实就是制造欲望——让你产生这样的幻觉：穿了和明星同款的衣服，用了和明星同款色号的口红，就仿佛能活得像个女明星一样耀眼而光鲜。

是的，现在经济下行，最流行的时尚单品就是口红了。当我在时尚 APP 或者 ICON 的文章里看到那些不厌其烦的试色，就是把一个品牌各个色号的口红划在皮肤上对比，我常常感觉一阵空虚和眩晕。

时下各大一线品牌的口红卖得都很好，因为虽然我们买不起爱马仕，还可以花几百块钱买一个明星同款口红来安慰自己。

我向来不主张节俭，而是提倡有物质基础的精致生活，但是当买买买的欲望超越一切，并给你带来更大的焦虑和烦恼的时候，也许需要停下来反思一下了。

Ninety 在《我都 22 岁了，为什么还买不起一双鞋》里说："22 岁的我，并不想创作或创造什么，我在想，如何多赚点钱，把当季最流行的，每个时尚博主都在推荐的那双运动鞋给买下来。想了半天也没想出什么好方法，于是懊丧：我都 22 了，怎么连双鞋都买不起？"

你看，22 岁女生对买不起鞋的懊恼，和 28 岁女生买不起爱马仕的烦恼是一样的，也许 32 岁的时候，她们会有新的烦恼：为什么我都 32 了，还买不起那辆奔驰车？

在消费主义的浪潮中，每个人的欲望都越来越膨胀，我们被欲望裹挟着，像吸毒一样买买买，却没有静下来思考：为什么会因为买不起某个品牌的单品，去怀疑自我的价值和人生的意义？

更重要的是，我们又该如何与自己的欲望相处？

我觉得比起压制它，或者无节制地喂养它，更重要的是沉下心来去面对它，和它对话，搞清楚它的来龙去脉，然后与自己和解。

　　22岁的Ninety后来讲了一个很温暖的小故事，她在街边花19元买了一位老婆婆自己做的衣服，穿着它去上班，却收获了比穿那些明星同款品牌更多的称赞。她明白了时髦的真正乐趣——在于自己去发现、感受和创造，如果年轻人只从时髦中感受到了金钱的压力，那只是掉进了消费主义的陷阱，而离真正的时髦还差得很远呢。
.

　　我也认识一些这样的姑娘，买不起北京的房子，就和老公一起租房子住，日子一样过得踏实而温暖；买不起爱马仕的包包，就去淘宝买几百块的原创品牌，一样可以背出自己的时髦范儿；买不起飞巴厘岛的机票，住不起五星级酒店，假期就跟朋友一起搭火车去周边的城市旅行，住青年旅舍的床铺间，一样可以体验到旅行的快乐。

　　生活的乐趣不在于你拥有多少物质，住多大的房子，用什么品牌的化妆品，而在于用心去感受和经营每一个当下。其实我们拥有的最宝贵的资源都是一样的，那就是时间。

　　真正有价值的人生，是你在有限的时间里经历了什么；如果你在有限的生命里，按自己喜欢的方式，活得充实、快乐，那就是人生最大的成功。与此相比，一个爱马仕算得了什么呢？

不开心就换个方向

· 1 ·

认识蚊子是 2013 年夏天的事。

那个傍晚我去参加一个朋友组织的聚会，在北交大附近的江边城外烤鱼店。闹哄哄的店堂里面需要等位，我拿了号在一长排椅子上随意坐了下来，百无聊赖地玩着手机。当时我们聚会的十多个人互相都不认识，需要一个个电话确认，可我们初次见面却都像老朋友一样招呼着，来了啊，要等一下位哦。

蚊子出现的时候，沉闷无聊的空气仿佛鲜活流动了起来。我们互相打听着职业、爱好，她利索的短发，干净的白衬衫，胸前一条夸张的红宝石项链。她叫我猜她的职业，我凭着直觉说，是记者吧？蚊子当时怔了一下，还真是个刚刚离职的记者，转行做了新媒体营销。

那一年她已经 30 岁，做了快十年商业杂志的记者，忽然就

你走的弯路
每一步都算数

无论你想做成什么事，当你开始
行动，就已经成功了一半。永远
没有太晚的开始。每一天，都是
你生命中最年轻的一天。

换了个跑道重新开始，职业和生活都发生逆转。她重新找了离公司近的房子，在一个完全陌生的领域从头开始，构建新的人脉和知识体系。

回想过去轻车熟路的记者生涯，她说这份职业本来是梦寐以求，也费了很大的力气，才得以从一个化学专业的毕业生，进入到顶级商业杂志做记者。可是就在30岁这一年，忽然觉得一切都没劲了，再也找不到工作的激情，去采访的路上，心情就像上刑场一样沉重。

"那时候我就想，反正一切已经无聊透了，那么不如和自己较一下劲吧，放弃这么多年职业积累，换个领域重新开始，会不会死？"

转职后的第一年，她在北京一家创业公司忙得天昏地暗；第二年她就拿到更好的 offer，被猎头挖到海外一家贸易公司做新媒体营销主管。

30多岁背井离乡去闯荡，可是她说："忽然，我不再害怕了。"

是的，我们都曾恐惧得要死。在学校里做乖学生，唯恐名次落后于旁人；工作了就兢兢业业地积累，不敢轻易换方向，害怕失去好不容易建立起来的经验、人脉和安稳的人生轨道。我们努力搞好和领导同事的关系，和邻居的关系，和亲戚的关系，可唯独没有静下来听听自己内心的声音，我们和自己的关系最疏离。

有时候，负面情绪的产生，是一种契机，意味着你要好好审视目前的生活状态，好好关注和自己的关系了。

在海外工作和生活的蚊子，每天都很开心，有冲劲有盼头。她打越洋电话给我，兴奋地讲她假期的旅行计划，和那些旅途中的奇遇。

· 2 ·

想起《奇异博士》里，那个优秀的外科医生，在一场车祸里双手神经全部损毁。绝望之际，他却赢得了另一场人生——意外成为一名依靠法术，来拯救和守护地球的奇异人士。

很喜欢里面的一句话："到了一定时候，生活中某些原有模式的崩塌，或许提醒你，你可以尝试用另外一个体系，来构建你对世界和生活的认知了。"

我的朋友谈聪，原本在一家意大利家居公司上班，做高端家具的定制。她很喜欢这份工作，不仅环境很好，工作内容也能发挥她设计专业的特长，公司在北京东直门，朋友圈都是些有趣的人。

直到去年遭遇一些变故：父亲离世，男朋友也和她提出分手。她觉得整个世界都崩塌了，曾经她引以为傲的一切，忽然变得无足轻重，面目可疑。走在北京人潮汹涌的街头，她感觉孤单而茫然，好像突如其来的无数碎片，在她面前累积成了一面高墙。几个月之后，她决定换个生活方式，就辞掉了北京的工作，回到家乡贵阳开始创业。

她在贵阳做气球定制的生意，就是给一些场合，如婚礼、生日派对、庆功宴等做气球的场景布置。找客户，做设计，做方案，谈聪忙得不亦乐乎，渐渐从过去的阴霾里走出来，人生进入一片新天地。生活进入良性循环之后，她很意外地遇见了新的爱情。我问她，这个男生怎么样呢？

她说："就是特别特别好。第一天认识起，彼此就很真诚，清楚自己想找什么样的人，所以遇到的时候一点犹豫也没有。和他在一起很轻松愉快，可以很自然地交出自己，没有一点防备束缚，我觉得这才是真正的恋爱吧。"

我想到上一次我们见面是去年秋天，银杏树金黄的叶子已经落了满地。在五道口的某个韩国料理店，她穿着黑色大衣，推门而出的时候那么寂寥的身影。

真好，勇敢改变，也许在下一个转角就遇见了幸福。

· 3 ·

台湾作家林清玄在《开讲啦》做过一次演讲，有一句话我印象特别深刻，他说："不要害怕人生的转弯。"

有时候，我们在既定的轨道上走得太久了，哪怕目前的职业和生活已经无法再激发我们内心的活力、激情，哪怕我们已经非常厌倦和麻木，可是日复一日过下去，我们一边向往着更加新鲜有趣的生活，一边可以找出无数的借口和理由不去行动。

因为我们害怕人生的转弯，害怕变数，害怕自己无力解决新生活带来的新问题和麻烦。

很多人告诉我们要"不忘初心"，可是很少有人告诉我们，不开心就换个方向。好像那是一种背叛，一种不负责任，一种对现实的逃避。

我年少的时候也这么认为，所以在一份不喜欢的职业上蹉跎岁月，在早已有裂痕的关系里止步不前。不敢潇洒告别，去奔赴新天新地。年纪渐长，才明白，比起那些世俗的成功和表面的圆满，一个人最重要的是内心的充实和快乐。所以当你感到人生被卡住了，生活失去了光芒，不妨停下来想一想，是哪里出了问题。然后换个方向，去朝着心中向往的地方奔跑。

也许，惊喜就在转弯的地方。

你走的弯路
每一步都算数

永远没有太晚的开始

· 1 ·

念研究生的时候，有一次和同学去听一位教授的讲座，礼堂里黑压压坐满了人，都是慕名而来。讲座赢得满场掌声，老教授高屋建瓴，很有大家风范，把艰深的专业知识讲得妙趣横生，使得很多同学对所学的专业产生了浓厚的兴趣。

讲座结束之后，有媒体采访，讲述起生平往事。我才得知，原来老教授28岁那年才读大学，然后又留学海外，攻读硕士、博士，等博士毕业，已经快40岁了。

因为入行晚，所以更加争分夺秒地抓紧时间学习，孜孜不倦地钻研，攀登一个又一个领域内的科学高峰。我印象最深的，就是教授回忆起大学毕业刚工作的那段时间，那是20世纪80年代，他工作的地方是西部某个油田的野外地震采集队，位于距离城市好几十公里的茫茫荒原里。

那时候，全公司所用的软件系统都是从国外进口，耗费巨资，往往对于我国特殊的地质条件适用效果并不好。为了研发自己的软件，他带领一支科研队伍不眠不休地工作，住在队上的铁皮房子里，一天只休息三四个小时。经过一年多的潜心钻研，终于有了第一个自主研发的采集系统，结束了必须依赖外国人才能进行资料采集的历史。

能有如今的成就，老教授说，他最感谢的人是他的母亲。

当年，28岁的他已经在乡下干了十几年农活了，开拖拉机、修水渠、建房子，也算是远近闻名的一把好手，更是家里的顶梁柱。恢复高考的消息传来，他想去参加考试，除了母亲一人支持，全家人都反对。更有亲戚嘲笑他，初中都没读完，奔三的人了，还想乌鸡变成金凤凰呢。

一向沉默寡言的父亲，坐在堂屋的长凳上抽了一袋又一袋旱烟。屋子里弥漫着呛人的烟味和令人窒息的压抑感。末了，父亲把他叫到面前，说："我和你娘眼看就干不动了，弟妹还小，你上学走了，家里咋办？你28岁的人了，赶紧娶媳妇生个娃娃，才是要紧事。"

那天，28岁的老教授辗转反侧了一夜。第二天，他还是决定去参加高考，把想法告诉母亲，母亲鼎力支持。后来的几个月，他白天干活，晚上点着煤油灯复习功课，结果金榜题名。

"人生永远没有太晚的开始。我28岁才走进大学学堂，比你们起步整整晚了十年，所以，当你决定全力以赴去做一件事时，有什么做不到呢？"

是啊，多少人没有努力进取的决心和持之以恒的毅力，想做一件事迟迟不付诸行动，却把失败和逃避，转嫁给年龄这个万能借口："太晚了，学这个已经来不及了。""我都 30 多岁了，怎么能和那些 20 岁出头的小姑娘一样拼呢？"

· 2 ·

两年前，我家楼下有个水果铺，店面不大，也就几个平方，老板是位 50 多岁的乡下大叔，老伴早逝，孩子在外地，他就守着这个水果铺度日。

我很喜欢下班之后去他店里买水果。他卖的水果，新鲜、个头大、口感好，又比超市便宜。没事的时候，我买完水果也会和他闲聊几句，有一种漂泊在外的异乡人惺惺相惜之感。

有一天傍晚，我照例走进那家熟悉的水果铺，却发现店门口的墙上贴了一张"转租"的海报，我很诧异，因为这位大叔经营这间水果铺少说也五六年了，为什么忽然要转租出去呢？

买完水果，我就跟大叔聊了起来。原来铺子的租金又涨了，眼看他的生意被压缩得已经没有利润空间，再加上京东、天猫等各大电商有生鲜送货上门的服务，来店里买水果的顾客越来越少了。他一筹莫展，也想不出更好的办法，所以打算把铺子转租出去，回老家乡下去做做零工得了，他是木匠出身，干回老本行应该没有问题。

我觉得非常可惜，就帮大叔分析市场，出主意。这个小区年轻的上班族很多，如果把水果切成小块，做成开袋即食的包装，还能送货上门，这样会不会抓住一些顾客呢？还有，大叔进货的地方是批发站点，如果可以上网找那些原产地的供应商，最好是向果农直接收购，成本这块也可以降下来。如果按这个模式发展得好，就不用租店面了，一台电脑，再请几个送货员，生意就能做下来了。

大叔很赞同我的想法，可是他担心一点，就是他从来没有接触过电脑，不会上网，更不会开网店，怎么办呢？我说，这有什么难的，学起来啊。

没想到，那个礼拜天，大叔真的从二手市场淘回来一台电脑，50 多岁只是小学文化的他，开始认认真真学电脑，学互联网了。

后来我离开了那座城市，也把水果店大叔渐渐淡忘了。前不久，收到他短信，问我要新地址，说要寄最新鲜的橙子给我尝尝。我才得知，他的网店已经做得风生水起了，每天的流水铁打不动有 2 万块。

大叔说，丫头啊，叔能有今天，最大的恩人是你。

我说，才不是呢。是你自己努力的结果啊，有你这奋斗精神，啥事做不成呢？

· 3 ·

有人说："种树的最佳时机是十年前，其次是现在。"

是啊，其实真的想去做一件事，永远没有太晚的开始。希拉里和川普竞选美国总统的时候，很多人感慨，你看一般五六十岁的女人，早就自称"大妈"了，每日的乐趣就是含饴弄孙，或者和一帮姐妹跳跳广场舞。70岁的希拉里还激情飞扬，刀枪剑戟地去竞争一个工作职位呢。

微信上经常刷屏的那些励志老太太，摩西奶奶，80岁的时候开始画画，成为轰动世界的画家；伊冯娜·多尔，已经86岁高龄，还在滑冰场上做一枚翩跹的蝴蝶；75岁的尼娜·麦尔尼科娃，70岁那年才开始成为跆拳道爱好者，如今已经声名在外。

对比这些老人，我发现我身边太多人过早地放弃了自己。

我的一位朋友，26岁的时候，想辞掉家乡公务员的工作，到北京上海等大城市打拼一番，可是一直犹豫不决。今天担心辞掉稳定的工作会令父母大发雷霆，引发一场家庭战争；明天又担心，都二十六了，到大城市找工作，租房子，会不会不能再像

20 出头的年龄一样吃苦。三年过去了，我的那位朋友还原地踏步着，一边向往大城市的另一场激情人生，一边抱怨工作的无聊、烦琐，生活一眼就可以望到头的乏味。

我的另一个闺蜜，一直很想报个画画培训班，捡拾起年少时的爱好，可是半年过去了，她还是停留在想一想的阶段。为什么迟迟不行动呢？因为她担心学画画的都是些小朋友，她一个 30 岁的成年人还去上基础班会不会太丢人；她还担心，交了好几千的培训费，自己能否每节课都坚持下去……

· 4 ·

小的时候，我们有自己仰慕的偶像，那时候，总喜欢把偶像的年龄，减去自己的年龄，获得的差值很大，就会窃喜：没关系，我还有那么多年可以努力呢。

成年后，我们现在仰慕的那些人，已经和自己同龄，或者比自己的年纪还小了。我们一边黯然神伤，一边又安慰自己：反正已经来不及了，现在开始努力也晚了，永远追不上了。

可是，事实果真如此吗？一切真的来不及了吗？

我很喜欢一句话：每一天，都是你生命中最年轻的一天。如果蹉跎下去，不开始行动，你会永远抱怨太晚了，来不及。而那

你走的弯路
每一步都算数

些不管在什么年龄，都拼尽全力去努力的人，他们是活在当下的，他们的此时此刻，永远是生命中最年轻的时刻，所以没有借口，没有迟疑，唯一重要的，就是盯着目标，努力下去。

请记得，无论你想做成什么事，当你开始行动，就已经成功了一半。永远没有太晚的开始。

你的人生，还有什么可能

有好几年的时间，我的生活一度处于抑郁的状态：在一家国企做着不喜欢的工作，租住在破旧的公寓房子，到处弥漫着贫穷绝望的气息；感情亦不顺利，没完没了的相亲，没完没了的失望。

那时候，一部美剧《欲望都市》就是我的抗抑郁剂，在我最低落、最无助的时候，给了我很大的力量和鼓舞。

四个大龄姑娘，在熙熙攘攘的大都市里，经历人生的起起伏伏，她们不断自我寻找，自我怀疑，最终获得了爱和圆满。这部剧最令我感动的，不是圆满的结局，而是不管经历怎样的坎坷和低谷，姑娘们始终没有放弃自己，没有放弃对人生更多可能的乐观期待。

女作家嘉莉有句话十分打动我，她遇到了一个新的约会对象，她很喜欢，那个人令她着迷，她说："美好得让我似乎回到了我的 34 岁。"

原来，34 岁是一个珍贵的值得回去的年纪。当时我才二十七八岁，把日子过得灰头土脸，竟然觉得一生一世可能就这样，我可能再也不会幸福了。

更酷的，还是萨曼莎，那一年她 49 岁，离开那个陪伴了自己 5 年的男朋友。在她患乳腺癌的日子里，男朋友陪她剃光头发，陪她搬到加州。分别的时候，他问她："你会找到新的爱人吗？"她说："我不知道，也许吧，我愿意冒这个险。"

50 岁的生日，萨曼莎和几个老闺蜜结伴出去喝酒，走在曼哈顿的撩人夜色里，依旧有男人冲她们吹口哨。萨曼莎举起香槟："50 岁简直太美妙！"

可是，我身边明明有很多女孩子，和当年二十七八岁的我，同样的心境。过了 25 岁还没稳定下来，就惶恐不安。30 岁是个多么可怕的年龄，如果在 30 岁之前没有结婚，没有一份好工作，人生就完蛋了，再也没有更好的可能了。

怪不得网上有人说："大多数人在 25 岁就死了，75 岁才埋。"

· 2 ·

我的一位亲戚，32 岁那年离婚，在小县城里闹得满城风雨。

那是一个对离婚还抱有偏见的年代，她工作的单位又是极为保守的体制内。

因为她工作不错，长得还算标致，倒有人不断给她介绍对象。可因为一次婚史，她就成了打折处理的廉价货——给她介绍的那些男人，不是秃顶、肥硕的歪瓜裂枣，就是满身油腻，年近五十的大叔。

母亲终日惶惶，劝她说："没办法，你都离过婚了，还能怎样呢？这是你的命，你要认命。"

离过婚的女人，除了凑合找个人把日子过下去，人生就没有更好的可能了吗？她也消沉失望过一段时日，机械地上班下班，切断了感受和情绪。

时间一晃过去了好几年。有一天，她给上海的一位老同学打电话，同学提议，要不换个环境，到上海来工作生活吧？

她辞掉体制内的工作，打包好行囊出发的那天，母亲在机场目送她远行，掉了泪。赤手空拳，她靠什么拼得更好的一份人生呢？

到了上海之后，她租住在一间地下室里，开始埋头复习，准备公务员的考试。夏天，地下室里闷热又潮湿，还弥漫着变质食品和人的汗液交织在一起的异味。为了节省开支，她每天就吃两顿饭，最大的一笔开销，就是在旧物摊上花 30 块钱淘的一台电风扇。就这样，经过几个月不眠不休的努力，她考上了。

如今 40 岁的她在上海有了美满的生活，一份自食其力的工作，一个恩爱的丈夫，一个可爱的孩子。说起曾经的种种，她叹息："幸亏 35 岁那年，没有认命。"

只要不认命，人生就还有更好的可能。

· 3 ·

我在一家外企做实习生的时候，很仰慕一位做人力资源工作的姐姐，她年近四十，保养得非常好，总是很优雅得体，英语说得很流利，常常在重要的场合可以和外方高管们谈笑风生。

有一次一起吃午餐，我对她表达钦慕，她笑着和我聊起一些往事，我才发觉，原来那些看起来完美的人生，并不是被命运厚待的结果，而是自己每一次选择的合力。

年少的她，生得很孱弱，而且天生口吃，在学校里是被同学嘲笑和欺负的对象。高中那几年，成绩一再下滑，没有考上大学，读了个不入流的大专。大专毕业之后，她进了一间电子公司上班，在远离城市的科技园区，具体的工作就是在工厂的流水线上做质检。

20 岁出头的时候，她一样觉得人生充满挫败和沮丧，周围都是和她一样的年轻人，随遇而安，得过且过。很多姑娘就这样随波逐流，身边抓起一个男孩子就恋爱结婚，过起了没有期待也没有惊喜的中年人生活。

可是她不甘心青春就这样在工厂的流水线上消耗掉，她常常望着远方的天空，想象自己的人生还有另外的可能。后来，她开始自学参加专升本的考试。每天拖着疲惫的身体下了班，来不及去冲个澡，就钻进宿舍里复习功课，室友嘲笑她，难道还想变凤凰？

第一年落榜。她爬到宿舍楼的顶层露台，望着厂区冒着滚滚白烟的大烟囱，绝望地想，自己是不是真的没有那个命？她狠狠地哭了一场，决定破釜沉舟再考一年。

很多个夜晚，整个厂区都进入沉沉的梦乡，听着室友们的鼾声，她就着一盏昏黄的台灯复习功课，那真是一种致命的孤独，天与人的交战。因为她不甘心，不想认命，所以只能拼命。

离开厂区的那天，她没有控制住流下的眼泪，不是因为这一程走得太艰难，而是终于给了自己交代。

一路从本科读到硕士，研究生毕业，她留在北京，进了著名的跨国公司，人生从此变得更加开阔、丰富、自由。

你走的弯路
每一步都算数

· 4 ·

很多时候，我们处在人生的谷底，或者一个并不快乐的环境里，周围都是妥协和凑合的声音，那声音太过强大，以至于你不敢相信自己的人生还有别的可能。你以为，人生不过如此了，再努力也无济于事，更多的憧憬和期盼，给自己徒增烦恼而已。

可是，我想告诉你，别认命，别被那些声音吓倒；推翻你心中的藩篱，人生就有更多的可能。因为，困住一个人的，永远不是环境、际遇或者年龄；而是眼界、价值观和格局。

当你站在山脚下的时候，想要到达另一个地方，可能要翻山越岭，前路茫茫，沟壑遍地。而当你到达了山顶，转个身，就是另一番风景。重要的是，你心中有一个想要抵达的地方，并且甘愿为之赴汤蹈火去努力。

第五章
请活成你自己，而不是任何人

215

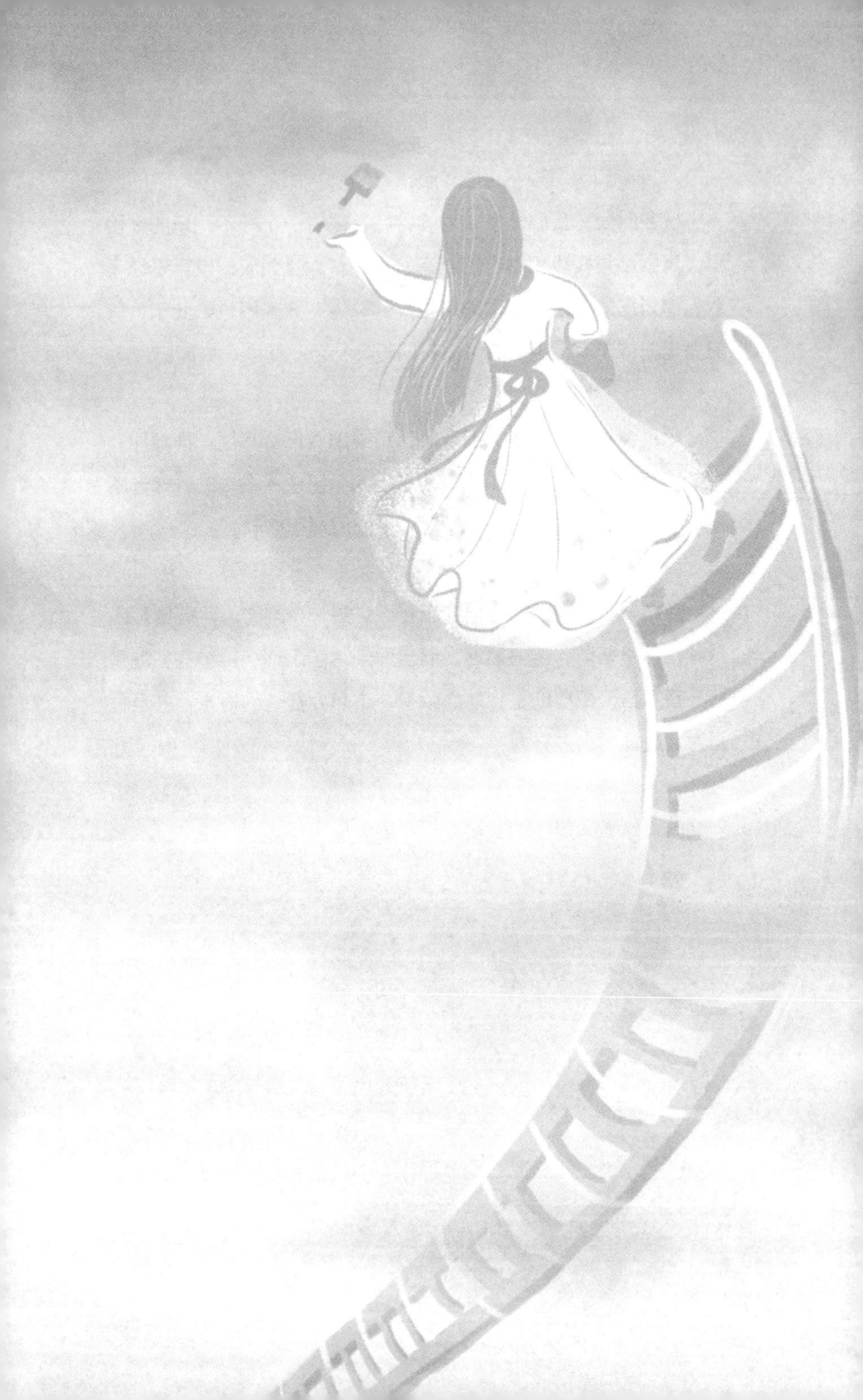

爱情里最好的状态
是舒服

第六章

CHAPTER

6

请相信，你配得上一切美好

和菜头在《推门而入》一文里讲了他第一次打高尔夫球的故事——

他每天散步要路过一个高尔夫球场。想象里，那是有钱人的游戏：穿着几万块一套的球服，拿着十几万一根的棍子，把几百块一个的小球打进洞里，这样的洞分布在造价几亿的山水里。

他深信这样的游戏和他没什么关系。

可是每天听到球杆撞击高尔夫球时发出的清脆响声，看着小白球高速飞出一道抛物线。直到有一天受不了诱惑，他鼓起全部勇气，冒着破产的风险走到前台，只是想尝试一下把球打飞是什么乐趣。

当他得知一小时只要 200 块，租一个球杆只要 20 块的时候，和菜头这样表达他的感受："我突然觉得心跳平稳，血压恢复正常，世界一片祥和宁静。"

经历过物质匮乏的人，从贫穷的时代一步步走来，对一切太过炫目和精美的事物心怀畏惧，觉得那是有钱人才能拥有和享受的乐趣。甚至生活中遇到一些美好的事情，都会不知所措，不敢相信会发生在自己身上。

读大学的时候，我很长一段时间不敢和同学去逛街，我害怕商场里那些明亮炫目的专卖店橱窗，害怕导购小姐殷勤的推荐，更害怕看到一件特别喜欢的衣服，标签上是我无法支付的价格。

我在一切美好的事物面前自惭形秽，觉得自己不配。

大学毕业参加工作的第一年，和同事去逛街，我还是不敢在专柜试衣服。后来有一次，需要参加一个演出。被同事拉着去逛专卖店买衣服，我在一排排精美的衣物面前踟蹰好久，害怕拎起随便一件都是我无法支付的价格。最后跑到试衣间忐忑地翻出吊牌，才发现，那些我一直畏惧的品牌，打完折一件不过二三百块。

那天我终于松了一口气，从试衣间出来，大方而轻快地跟导购小姐说，这几件帮我包起来。

过去的那么多年，我们受到的教育，都是要克制自己的欲望，要习惯清贫的生活。

小时候，只有过年才有新衣服穿。我印象特别深的是，有一年除夕，我起得很早，就为了早点穿上妈妈为我准备的新衣。那件衣服，并不是多么美丽，只是因为它是新的，是一个小女孩期盼了一年的新年礼物。

我一个人站在乡下姥爷家的院子里，周遭一片清冽宁静，冬天清晨的风，吹得我流了眼泪。大人们还没起床，我感到一阵甜蜜而孤独，心里想着长大了要买好多好多衣服。后来我长大了，赚了钱，经历过匮乏，经历过自惭形秽，也经历过疯狂无节制的消费。

记得两年前，有一天心情特别低落，然后就一个人去西单逛百货公司。我当然不再害怕富丽堂皇的橱窗和柜台了，那天在商场试用了一堆护肤品，然后全部刷卡买下来。

当我可以为自己买一件奢侈品不心疼的时候，我终于真正释然了，但是我并没有真的快乐。也开始明白，有一种疯狂的买买买，其实是对匮乏和贫穷的报复。再后来，我慢慢走出匮乏和贫穷带来的心理阴影，消费也渐渐变得理性而节制。

但是，我会定期请自己去高档的餐厅吃饭，给自己买质量上乘的衣服，每年安排几次旅行……因为我相信，我配得上一切美好，那些再贵再精美的事物，都没有我珍贵。

当我不再畏惧美好，我活得更加舒展和自由，好运也渐渐地来了，我赚到了更多的钱，过上了更加富足而自由的生活。

我的一位朋友也和我聊起过这个话题，她说她现在月薪3万，但是买双2000块的鞋子，还是会有负罪感，实际上她完全消费得起。

不只买衫买鞋，就连出去吃一顿500块的自助餐，花1000块看一场演唱会，她也会觉得内疚；假期出去旅游，会想到父母连飞机都没有坐过，觉得自己是不是太奢侈。

我们都曾在清贫的生活里浸淫了多年，耳濡目染父母的节俭和对生活深深的无力感，把超出基本生活之外的一切消费都视为"浪费"和"奢侈"，久而久之，我们本能地抵触那些太过精致美好的事物，潜意识里觉得自己不配。

我们都曾那么自卑过，觉得自己配不上美好的生活，不仅仅是物质上，还有感情上。

直到28岁，我都背负着"大龄剩女"这个标签，每天下了班之后最大的娱乐活动就是相亲。

走在北京热闹的街头，那些花团锦簇的繁华让我觉得内心更加孤单和漂泊无依。很多个晚上，我在路上走着走着就放声大哭。父母的电话，三句话就会把话题转到结婚这个事情上，他们在电话那头唉声叹气，我在电话的这边茫然不知所措，所有的压力和委屈生生咽了下去，还要安慰他们不要着急。

看着同龄人都走进围城，我也参加过很多婚礼，每次的感受都是羡慕又嫉妒，觉得那么美好的感情怎么会发生在自己身上。单身久了，失望累积得太多，我有一段时间已经不再相信我会遇到幸福。习惯了一个人生活，习惯了身边没有人陪，习惯了不去依赖别人。

我曾以为，也许这一生就这样孤单地生活下去了。看着别人出双入对，也会顾影自怜。

29 岁那一年，我遇到了吕同学，半年之后，我们结了婚。

领红本本那天，心里竟然是格外的平静。下了班，我们去旋转餐厅吃了顿海鲜自助，就当是庆祝了。没有豪华的婚礼，没有蜜月旅行，可是，我却觉得，人生从此了无遗憾。

因为，他懂得我所有悲喜的来路，支持我的梦想还有那些热望；我知道，从此我不会再一个人抵抗那些生活的无常和坚硬。

当你觉得自己不够好，不配拥有一份美好的感情，可能是因为没有遇到那个真正懂得和珍惜你的人。

30 岁这年，我们都离开了工作多年的行业，转到自己喜欢的领域重新开始。我每天坐在飘着白色窗帘的房间里写作，有人问我粥可温，亦有人陪我立黄昏。忽然觉得，我曾经那么自卑、怯懦，觉得自己配不上好的生活，可是现在，我喜欢的一切都在眼前了：有一份热爱的职业，有一个互相懂得的爱人。

回想一路走来，有过孤寂、怀疑和艰辛，也经历过挫折、失败和泥泞。可我始终没有放弃自己，没有将就，亦懂得自省。

有很多读者向我倾诉感情上的困惑，她们说，一路兜兜转转，千帆过尽皆不是，是不是这一生注定要孤单至此？是不是我再也没有资格获得美好的感情？我说，不要怀疑，不要着急，请耐心等一等，也许下一个路口就遇见了呢。

真的，无论你曾经历过什么，正在经历着什么，从现在开始，别再妄自菲薄，也放下顾影自怜。请相信，你配得上一切美好，你配得到一切美好。当你真的用全部的努力和信心去拥抱梦想和希冀，不畏惧失败和泥泞，所有的美好都会为你而来。

回过头来，安心做自己

某年元旦，去看望一位长者。

车子开到山脚下，又沿着盘山公路开了半个钟头，周围是满目的青翠苍茫，云雾缭绕。一间茶社掩映在松柏之间，门口有个小院子，幽静，却泊满私家车。宾朋满座，喝茶，吃斋，谈笑有鸿儒，往来无白丁。

长者是我先生的朋友，是位茶痴。年轻的时候，游学海外，一路念了好几个博士。回国创业开公司，事业做得风生水起，却在年近 40 的黄金时代退隐。

因为爱茶，又喜静，便在山里开了间茶社，从此不念江湖，专心修行。朋友圈里相传他何等潦倒，甚至有传闻他精神失常，郁郁不得志。我先生说，他不过是"回过头来，安心做自己"。

追逐，得到，然后放下，发现另一片心灵的疆域，是多么难得的智慧，以及多么幸运的人生。

你走的弯路
每一步都算数

想起多年前在西藏旅行，在拉萨的一家卖手工银饰的店铺，和老板聊天，才发现他曾经在好莱坞工作，跟李安合作过电影，是圈内小有名气的电影制片人。

那一年他休了个长假满世界旅行，爱上拉萨的蓝天白云、弥漫着宗教气息和诗意浪漫的气质，心里忽然有个声音说，这里不就是灵魂的栖息地吗？那一瞬，这突如其来的意识，好像天空飘下的一片叶子，被他轻轻接住了。

他旅行结束就回去辞了职，和妻子搬来拉萨生活，开了间店铺，真的把日子过成了诗与远方。聊起这样的因缘际会，他感叹命运的玄妙，却又无比笃定一切都是冥冥中的安排，是心里沉积了很久的声音和念头，被一个缘分所点燃。

聊起电影生涯，他说过去的繁华如大梦一场，如今的生活才是心之所往。
能够安心做自己的人并不多，需要非常勇敢、坚定和智慧。

读书的时候，他们告诉你，只要好好学习就行了，别的什么都别操心。工作之后，他们跟你说，好好上班，买房结婚生娃是正事，别的都是不靠谱，不务正业。

多少人被这样的观念裹挟着往前走，也许不甘，也许怀疑，也许迷惘，可是能够自省、反思并且行动的人并不多。
所以我们追逐成功却不知何为成功；我们仰望幸福却不得幸

福的要领。我们用更高的职位，更丰厚的薪水，更大的房子，来说服别人，来安慰自己。

可是，我们却常常离幸福越来越远，因为我们丢失了自己。

我认识的一位写作的朋友，大学念的是计算机专业，毕业之后进了一家大公司做程序员。他的父母家人在乡下，听闻他在大城市拿着高薪，做着万人羡慕的白领，很是骄傲。

有一天，他辞掉工作，因为实在厌恶编程，他的理想，是成为作家。父母震惊，痛哭，以孝顺的名义对他施压，动之以情，晓之以理，可他不为所动。当时父亲在病中，强忍着愤怒，问他："你为何不能和别人一样？为什么放着高薪又稳定的工作不做，偏要去当什么作家？！"他也泪流不止，多年的积怨在心中沸腾又冷却。他望着因为生病而憔悴不堪的父亲，他知道他想要的理想儿子是怎样的，可是他做不到。想要满足父母，除非献出自己的一生作为祭品。

最终他还是选择了辞职专心写作，一年之后已经出版了三本书。

据我观察，我们民族的年轻人特别容易不快乐，20几岁的青春年华，多数人脸上写满的是迷茫、焦灼、压抑和老气横秋。太多的年轻人做着自己不喜欢的工作，却不知道自己真正喜欢的是什么，这一生想要成为什么样的人。也有一些年轻人，早早就进入了中年的模式，被房贷和孩子压得无法喘息，早就失去了年轻人的想象力和对这个世界的好奇。

你走的弯路
每一步都算数

我的一位读者，24 岁了，每认识一位男生，都要问她妈妈的意见，如果妈妈觉得这个男孩子不错，她就放心地交往；只要妈妈反对的，她都弃之如敝屣。我感到很深的悲哀。

仅有一次的生命，最可悲的地方在于，一个人活到了 20 几岁，竟然不知道什么叫作"做自己"。他们没有自己的价值观、判断、梦想和希冀，活着的最大目的就是满足父母的意愿，和别人比较看起来"光鲜"，而上一代大多数人对于美好生活的想象，无非就是有份稳定的工作，早早结婚生子。

我们为什么要"回过头来，安心做自己"？
为了活得快乐。

我曾说快乐有三重境界，比较的快乐，竞争的快乐，无条件的快乐。我们习惯了和人比较，和人竞争，这两种快乐都是有条件的，是随着外物的改变而改变的。只有无条件的快乐，发自内心的喜悦和满足，才能滋养我们的生命，使我们成为真正的、最好的那个自己。

因为当你做自己喜欢的事时，才能激发出你生命的活力、热情和创造力。我辞职做了自由写作者之后，感觉到每一天都活得充实快乐，我再也不用分裂地应对这个世界，而是倾注自己的才华和热情，专注地做自己喜欢的事情。

这个世界纷纷扰扰，太多的声色繁华让我们眼花缭乱，太多的声音让我们听不到自己的内心，我们彷徨，迷惘，追逐，也放手。最终，不过是找回人群中的那个自我，在一派喧闹中，回过头来，安心做自己。这大概才是生命最本真的况味，人生最大的富足和自由。

单身时光，是一生中难得和自己相处，独自行走的一段旅程。一个人抵御生活的坚硬无常，也享受日子馈赠的自由和活泼。尽情去玩，去疯，去旅行，去交朋友，去学习和探索。重要的是，建立自己独立的人生，要有可以依靠自己坚实地站在大地上的东西。

女人想要的安全感，到底是什么？

最近我的朋友大 C 失恋了，喊我们出来喝酒。在人影幢幢、灯光昏暗的小酒馆里，大 C 哭丧着脸，喝了一杯又一杯。

大 C 和他的女朋友在一起五年，曾经是我们圈子人人羡慕的校园情侣。他们俩毕业后双双留在北京，进入 CBD 高端写字楼的 500 强企业，并且在房价还没涨到无法企及的高度时，买了一套三居室。

一切都向着谈婚论嫁的方向明媚地滑去，可是大 C 的女朋友忽然提出了分手，理由是"大 C 给不了她想要的安全感"。大 C 像是被一记闷棍打得措手不及，他不明白自己做错了什么。

男人常常搞不懂，女人想要的安全感，到底是什么。女人呢，就像范范歌里唱的——"现在女人很流行释然，什么困境都好像知道该怎么办"。

现在的女人好像越来越独立，越来越不需要男人了。她们也越来越喜欢标榜自己，安全感是自己给自己的。安全感是"钱包有钱，手机有电，车子有油"。听起来很豪迈，其实内心何尝不是对男人和亲密关系的失望和悲哀？

什么样的男人，给不了女人想要的安全感？

最让女人没有安全感的男人，大概是那种你觉得他是你的全世界，他却向全世界隐藏你们的关系。

美剧《欲望都市》里面，嘉莉和大先生的关系分分合合，若隐若现，她孤注一掷地努力过，也气若游丝地放弃过。她始终是没有安全感的那一个。

记得有一个片段，两个人漫步在街头你侬我侬，忽然碰见大先生的一个朋友，他慌张地松开手，好像要假装并不认识身边的女朋友，嘉莉尴尬地杵在那儿，像个透明人。

那一刻她一定伤心极了。她问他为何不向朋友介绍她，他说，那只是个无关紧要的点头之交。可是，他眼神里分明有闪躲。

我的朋友青青，和男朋友恋爱多年，男朋友待她很好，唯一的一点是，他始终回避带她去见父母。甚至有一次路过他家的城市，他都找了借口搪塞过去。她进退两难，贪恋着他的好，又明白这样的关系迟早会分道扬镳。

男朋友从来不在朋友圈放你的照片，不带你去参加他同学、同事、亲戚、朋友的聚会，不带你见家人，不向全世界公布你们的恋情。

在我看来，就算私下他对你再好，这样的男人都是要不得的。因为他并没有在心里真正地接纳你，他还在为自己留有退路和余地。

其实女人想要的安全感，不过是你对我好，也乐于向全世界公开我们的关系。

还有一种没有安全感叫作"我需要你的时候你没有出现，那么你就不必出现了"。这不是女人矫情，是最真实的感受。

女朋友心情不好了，发个短信给你，你觉得不过是无足轻重的小情绪，但是对于我们来说，当时的情绪可能就是比天还大的事情。这个时候，如果男人的态度是不耐烦，或者冷漠回应，那么我们真的会特别特别伤心。这种伤心积累多了，就是失望，对这段关系的没有安全感。

其实我们需要的，不过是一两句安慰的话，不过是关心和重视的态度，不过是你有空的时候带我吃顿好吃的。这有多难呢？

朋友莉莉有一次放暑假回家，特意买了张中午的火车票，她想着男朋友的公司离火车站近，可以午休的时候去送送她，也不耽误他上班。

那天她带了很多行李，而且感冒了。她坐在公交车上给男朋友发短信，希望男朋友从公司赶到火车站见一面。

结果这个男生没当回事，就一路发各种笑话给莉莉，以为会哄她开心。结果她看着那些并不好笑的笑话，越想越难过，在公交车上就哭了出来。

那种感觉真的太难受了，就是你需要他的时候，根本指望不上；所有的委屈和失望都要自己去扛，还为自己找各种借口说，他不是真的不在乎你，你看平常的时候他对你也挺好的。可是，这样的事情发生多了，女人自己都不会再相信这会是一段快乐的关系。

女人要的安全感，不过是我需要你的时候，知道你一定会在而已。

另外一种没有安全感：不是你太弱，而是你接受不了我比你强。

多少姑娘，是因为担心男人失落，所以不敢让自己变得优秀！

我写过我一个同学的故事：她的男朋友也是平时对她特别好，但就是不允许她穿漂亮的衣服，不准她化妆；她在工作上做出了成绩，收获的不是祝福和鼓励，而是他的冷嘲热讽。

后来他们分手了。他们之间的矛盾是女生升职那天爆发的。那天她工作满三年了，因为很受上司赏识，所以从业务骨干升为项目组长。她当然很开心地第一时间发消息告诉男朋友，还撒娇让男朋友请她吃大餐庆祝。

没有想到，男朋友不仅没有为她感到高兴，反而特别冷漠地说，你倒是开心了，我可没空陪你庆祝。她惴惴不安地回到家，发现男朋友所谓的没空，是在忙着打游戏。那一瞬间她明白了，是他一直不愿意看到她变好，在职场上独当一面。

她不敢漂亮，不敢事业有成，不敢有钱，都是因为怕他会失落，会反衬出他自己的挫败感。怕这样的挫败感，像不定时炸弹一样，不知哪天就会毁灭他们的关系。

分手的时候，男朋友也很伤心，他哭着说，我就是怕你越来越优秀了，配不上你啊。可是他的自卑感，却成了他们之间最大的杀手，也是对女朋友最大的不公平。

多少男人低估了女人陪他吃苦的真心，也误会了她想要变得更优秀的动机。

记得看过一部美剧，名字忘记了，男主角事业一落千丈，跑去找女朋友分手，说自己给不了她幸福。女主角说："你别以为只有你成功的时候，你才能爱我。生活本来就是浮浮沉沉，爱是两个人一起面对一切的未知和变数。"

后来他们的结局如何，不得而知。但是我特别赞同女主角的观点。也希望所有的男人都明白，不是你多么优秀和强大才配拥有爱，爱是分享也是分担，是两个人携手一起面对人生一切的风雨。

其实女人要的安全感，是哪怕我比你更成功，你会为我的成功而鼓掌。而不是因为害怕失去，而阻止我变得更好，甚至对我的进步冷嘲热讽。我们要明白，女人的独立，不是不需要亲密关系，更不是不需要安全感。而是两个独立的人之间，不再看重爱情之外的附加值，可以更加自由地选择，更加理性和高质量地相处。爱也不是索取和要求，而是两个人共同成长和无怨无悔陪伴。

至于女人想要的安全感，其实很简单。

不是你要赚多少钱，给我买房子买珠宝；不是你要时时刻刻围着我转，给我无微不至的照料；也不是你一定要比我成功，比我坚强，比我智慧。而是我需要你给我这样的确定感——

我确定无论我们的生活发生什么，成功或者失意，光明或者黯淡，你都会一直在，你会陪着我一起面对，一起走下去。

最好的爱情，是让你真实做自己

去年秋天，我的朋友乔常来我家借书，因为她刚刚交了个喜欢读书的男朋友。

"他真的好完美，就是我一直幻想的那一款。不仅人长得帅，工作好，待人彬彬有礼，而且喜欢读书。他读过好多书，历史啦，哲学啦，人文社科方面好像没有他不感兴趣的。不行不行，我也得补补了，省得被嫌弃。"

乔一边翻着我的书柜，一边跟我秀着她的新恋情。这个姑娘28岁了，也是一路相亲各种男生，一直没有她看得上的，不是嫌人家身高不到一米八，就是薪水太低，要么是性格沉闷，业余爱好太无趣。后来我们大家都没人敢给她介绍了。不过如今总算有人能降得住她了，我暗暗为她高兴，可是又觉得哪儿不对劲。

乔过去的28年从来不是个喜欢看书的姑娘啊，更从来没有这么小心翼翼地去迎合过谁。在我锲而不舍的追问下，乔妹道出他们相处的真相——

自从认识了这个男生，乔从一个自由散漫的姑娘简直变身为励志女郎。

她每天6点钟起床健身，生怕哪儿多出一块肥肉被男神嫌弃；每天钻研各种爱情秘籍，乐此不疲研究各种情感理论，变得格外敏感，白天男神说了句什么话，也要临睡前对着秘籍细细分析；更是把全部薪水都用来买名牌时装和化妆品，每次约会之前就像上战场一般，盛装打扮，不敢有丝毫疏漏。后来又跑来跟我借书，想要内外兼修，跟男神多一些共同话题。甚至有一次，两个人在看电影的时候，乔妹不小心放了一个屁，都暗自担心了整场电影。

"你这么谈恋爱，不累吗？"

"当然累啊。连微信回复什么内容、多久回复都考虑半天，生怕说错话惹他不高兴，又怕太殷勤显得自己掉价。"

乔妹瘫坐在我家沙发上，一副生无可恋状。不过她又立即鸡血满满地说："但是，这个男生真的是我从小到大最喜欢的一个！所以恋爱期累一点又有什么关系呢？等哪天他跟我求婚了，我就心安了。"

送走了乔，我忽然想起曾经读过的一篇文章《今夜你不必盛装》，讲的也是女孩在恋爱中为了保持对对方的吸引力，每次约会都盛装出席，直到她发现，其实真正爱她的人，根本就不在意她是否盛装打扮。

真正爱你的人，不仅爱你的优点和美，也爱你的缺点和不那么美好的一面；不仅爱你的勤奋、渊博、有趣，也爱你的懒散、贪婪和脆弱。只有全然接纳，才是真正的爱。

所以在我看来爱情最好的状态是舒服。好的爱情，是可以让你真实做自己。你不必刻意为他打扮，也不必刻意去找话题，去迎合他的兴趣爱好。你们在一起，你不需要时时完美，处处小心，而只需要做你自己就好。因为爱不是取悦和迎合，不是单方面的牺牲和成全，我们更不必为了爱一个人而迷失自己。

我想起了另外一个朋友，一个男生，当年为了追班花也是对自己各种大改造。打听到班花喜欢李健那种类型，就去刻意模仿李健的穿衣风格；得知班花喜欢口才好、幽默风趣的男生，就去网上搜罗各种段子笑话，去参加演讲比赛练口才……当然后来还是没有得到美人的芳心，不过这一段对他也许是很值得经历的功课。

相比之下，我们的乔幸运得多。某个星期天，男神没有事先打招呼就买了一大束玫瑰按响了乔家的门铃，开门的那一瞬，乔后悔死了——男朋友穿着帅气的白衬衫，手捧着娇艳欲滴的红色玫瑰。而我们的乔，她戴着框架眼镜，没有化妆，穿着睡衣和拖鞋，手里还拿着一袋没吃完的海苔，一脸的惊恐。就这样和男神面对面愣了好久。

后来乔把借的书悉数归还给我。

"自从那次被他撞见穿睡衣戴框架眼镜的样子，我忽然就释然了。你没有想到吧，那天他送我花又带我去旋转餐厅吃饭，然后向我求婚了。"

订婚后的乔又恢复了自由散漫的状态，闹钟不响三遍不起床，素颜戴着框架眼镜就拉未婚夫去吃麻辣烫，再也不看任何书，每天下班还是追她喜欢的韩剧。她终于又做回了原来那个自己，也许不完美，但是在爱她的人眼里，就是最特别的。他们的婚期已经定下，乔就要美美地嫁男神了。

所以你看，爱情里有再多的计谋，都敌不过两个人的真心；真爱你的人，爱的是你的全部，不是你的优点。相爱的两个人，无需刻意伪装，只需包容彼此的差异。舒服才是爱情里最好的状态，也是感情能够健康持续发展的基础。

最好的爱情，是让你可以真实做自己。

好姑娘，我们都会幸福的

这个城市飘起冬天的第一场雪，整个世界白茫茫一片，人和世界的关系忽然变得遥远，一切像个不真实的梦境。我又见到了柚子姑娘，时隔多年，她已经从一个青涩的、紧张的少女，变成自信又独立的、走过世界经纬的强大女子。

更重要的是，她结婚了，整个人散发着松弛的、幸福的光芒。那种光芒，是生活安定、感情滋润的姑娘才会有的。

我们捧着一杯咖啡聊了很久很久。聊我们的过去，那些从仓皇的青春里打马而过的日子，那些内心的骄傲和坚持，那些任性和倔强，还有成长和蜕变的疼痛和美丽。

想起第一次见到柚子，是在北京的一个盛夏。那天她刚搬到我家对门，瘦瘦小小的姑娘，扎着一个马尾，红扑扑的脸颊都是汗珠，见到我，很不好意思地笑了一下。我才意识到，她是一个人提着两只巨大的行李箱爬上六楼。

那一年她刚刚大学毕业，带着妈妈给她的 5000 块钱，来到北京这座大城市闯荡。在一个破旧不堪的小区租了一间小小的次卧，押金加上月租，就花掉她所有的积蓄。工资还没发放，青黄不接的日子，她急得掉眼泪，第一次明白独立并不是一个温柔的词汇。

为了省钱，她开始学着自己做饭。我常常夜里 10 点多回到家，听到对门厨房里噼里啪啦，那是柚子在给自己准备第二天中午的工作餐。她说，最初落魄的那段时光，是靠看日本漫画家高木直子的绘本度过的。

一个人到了一个陌生的、巨大的城市，除了对这个城市的景仰和幻想，那些华丽的粉红色泡泡经生活真实的触碰后一个个破灭，才发现自己的弱小和生活的坚硬。好在还有直子的漫画，那个 150 公分的小姑娘，靠画画独自闯荡东京，独自抵挡着风雨，给每一个初出茅庐，在大城市孤单打拼的年轻姑娘，很重要的陪伴和安慰。

后来日子越来越顺畅，我们常常周末一起去逛北京的胡同，一起吃饭，看电影和话剧，也聊起彼此的感情。她大学时有一个男朋友，毕业的时候分了手，说起往昔，柚子还是红了眼眶。

再后来，柚子又恋爱了。那个男生是公司的同事，长得高高帅帅，永远穿着一丝不苟的浅色衬衫，很绅士地每天晚上送柚子回家。他们在小小的出租屋里，畅想未来的大房子——温馨明亮的、带落地窗的客厅，可以装得下她所有幸福梦想的厨房，还有整面墙都是书架的书房……

你侬我侬，如漆似胶，那是一段轻盈而快乐的日子。在这个巨大的城市里，柚子终于不再一个人，不再觉得孤单。她所有的人生计划都有关他，如何攒钱买房，何时结婚，在哪儿度蜜月，将来生几个小孩。可是他却中途退场，因为她的地图不再有他想要的风景。

那是一个寒风凛冽的冬天，灰白的街道，灰白的天空，整座城市都变得萧索而冷清。柚子失恋了，她在冷风中给他打了很长的电话，眼泪溢满脸颊，心脏剧烈抽搐，可是电话的那头是永远的沉默和无动于衷。

后来柚子换了工作，也搬了家。我常常在周末穿越大半个北京城去看她。在南城一个古朴安静的小区，有郁郁葱葱的梧桐树，和低低的红砖墙房子。我穿过长长的走廊，找到她住的那个房间，她通常已经在厨房忙着煮我最爱喝的排骨汤，而我就在她房间里随手翻起一本书，躺在沙发里看着看着就睡着了。

失恋后的柚子变得对工作格外专注，她剪短了头发，换上简洁干练的职业套装，踩着高跟鞋飞奔在各个会议之间，成了职场上那个飞檐走壁的姑娘。只是每一个加完班的夜里，回到空空荡荡的家，房子里静得没有一点声音，她习惯性地打开电视机，并不看节目，只是想要有人说话的声音，好让自己看起来不那么孤单。

那几年，她没有休过一个完整的周末，最害怕的事情就是过节。她穿梭在一个个项目之间，成了办公室里永不消失的地平线。很多人说，你一个小姑娘，何必那么辛苦工作，飞得那么高那么累？

只有她明白，有时候把自己抛进忙碌的工作里，才能忘却心里的那些伤痕和空洞。我们都学会了自我保护，用自己的方式，去面对生活的责难和不怀好意的玩笑。

在业务上不断精进的柚子，升了职，加了薪，后来被公司选派到海外工作。她退掉北京的房子的那天，伤感地掉了眼泪。她说这个城市有她最初的梦想，也见证过她最落魄和最快乐的时光。她把那几大箱书送给了我，拖着两只巨大的、笨拙的行李箱，只身飞往伦敦。

柚子到了伦敦，负责很大的市场，工作更忙了，常常凌晨才能下班。有时候她给我打个越洋电话，聊不了几句就匆匆挂断。可我还是从她的只言片语里，了解到她在国外的生活，她的梦想、渴望以及失落。

在国外的几年，柚子独自旅行了很多国家和城市。她发给我的那些照片，无论旖旎风光，还是山河破碎，照片里的姑娘，眼眸明亮，神采飞扬，骄傲而笃定。我知道她终将获得重要的成长。

那些成长，是一个姑娘，一点点从失落和泥泞里摸索着爬出来，然后将自己整个打碎了重塑，把自己打磨成一件精致的瓷器，通透而金贵，熠熠生辉。可是，如果你有幸了解她的那些过往，就会明白没有人成长没有伤痛、失望和决绝。

好在，我们都不曾放弃希望，也不肯将就着低眉顺眼把日子过下去，所以选择了一边流泪一边努力，一边失望一边铿锵。

柚子把自己的人生走得越来越开阔和丰富。她努力而又骄傲地向着阳光生长，在伤痛的地方结出漂亮的果实，让所有挫折都变成化了妆的祝福。

再后来，她遇到了那个对的人，一切都刚刚好，没有早一步也没有晚一步。柚子说，若不是她变得独立又强大，或许不会发现他的好——他不会照顾人，更不会对女朋友俯首帖耳，随叫随到，他是个工作狂。

可是呢，他聪明又理性，重要的是，他有关未来的计划，满满的都是她。她也活成了一株骄傲而独立的木棉，可以"作为树的形象和你站在一起"，不再是那个时时需要人照顾，恨不得长在男朋友身上的凌霄花。

也许生活就是这样，让你失去一些，也得到一些，最终我们都努力活成了自己想要的样子，也收获了属于自己的幸福。只是，当人们失去的时候，那么多孤寂而黯淡的日子，有人就此一蹶不振，对生活失去了耐心和乐观的期待；也有人，选择了在谷底积蓄力量，让自己变得更加强大和优秀，然后去看更大的世界，体验更丰富的人生。

你永远不知道幸福什么时候会敲门，有的时候你以为它来了，却不过是误会一场。其实都没有关系，你不妨给自己设定一个比较宽的阈值，容许自己犯错和失望。

我们都曾一个人走过漫长的路，经历过贫穷、失去，甚至最爱的人的离开。可是，那些经历也塑造了我们，让我们变得勇敢、强大、丰盛。所以，无论你正在经历什么，请保持对未来的乐观期待，一定要相信，好姑娘，我们都会幸福的。

愿所有姑娘，都嫁给爱情

午后的咖啡馆，一群姑娘坐在一起讨论要找个什么样的男人结婚。

A 姑娘说，他一定要身高 175 米以上，三环内房产一套，工作稳定，无不良嗜好，最重要的是对她好。

B 姑娘说，想找个比她大 10 岁左右的，可以包容她的任性和坏脾气，把她当作女儿一样宠。

C 姑娘则坦言，谈恋爱看感觉，结婚嘛，还是要找个靠谱的老实人，不能太穷，也别太有钱。

我看着她们年轻的、世故的脸，和仿佛阅尽沧桑的表情，忽然惊觉，越来越少的姑娘，结婚的最大理由是"因为爱情"了。"因为年龄到了""因为他条件不错""因为爸妈都喜欢他"，这些理由远比爱情要实际而看得见，显得成熟而稳妥。

可是，婚姻的真相是两个人朝夕相处，质量的高低取决于两个人是否拥有真正的亲密感、合拍的三观和解决问题的智识和能力，而这一切又需要爱情做底子。不是一场盛大婚礼之后，就理所当然地"王子和公主从此过上幸福快乐的生活"。

想起我的朋友洁。大学的时候，她是功课全优的优等生，学生会干部，年年获得国家级奖学金，加上人长得漂亮清秀，追她的男生多如过江之鲫。

洁的家境不好，父母在乡下开了一个小商店维持生计，还有弟弟妹妹在读书。她的生活非常俭朴，任何东西都是用坏了才会去买新的，一件羽绒服可以穿好几年。当别的漂亮女生都在攀比谁的包包更大牌，谁的男朋友更有钱的时候，洁只是每天背着书包去图书馆上自习，把追她的那些男生送的名牌包、香水和化妆品都退还了他们。

所有人都劝她不要太清高，以她的家境还是找个条件好的男朋友更现实。她不是不喜欢那些美丽的衣服和炫目的包包，她只是明白，茨威格一早就在《断头王后》里写过："所有命运赠送的礼物，早已在暗中标好了价格。"

追她的男生里，不乏家境优渥的，最终洁却被一个叫苏明的男生打动。他和洁一样，各个方面都很优秀，家境普通，无法支持他在北京这样的大都市买房。他们在一门选修课认识，发现彼此都在看同一本小说，于是话题围绕着喜欢读的书越聊越投机。

他没有钱给她买昂贵的礼物，却每天都陪她一起去图书馆学习，懂得她的梦想，也理解她的不容易，支持她的每一个决定。有一次洁的母亲来北京看病，苏明忙前忙后安排好一切，每天晚上从做兼职的公司到医院，买好夜宵去看她们，回学校的时候公交车停运了，他舍不得花钱坐出租车，就步行两个小时走回去。

还有一次，苏明帮导师做一个项目，正在外地出差，洁在电话里说自己感冒发烧一天没有吃饭。结果第二天清晨，苏明就拎着洁爱吃的馄饨等在她宿舍楼下。原来他买了最近的一趟火车赶回来，坐票和卧铺票都卖完了，他在火车上站了一夜。

选择了苏明，刚开始的时候洁也不是没有纠结，她的家境不好，以后还要供弟弟妹妹读书，两个人的负担都这么重，什么时候才能攒够首付买房子呢？

毕业之后他们结婚了，而且都留在了大城市工作，结婚的时候没有房子也没有钻戒，可是洁在婚礼上哭花了妆，说这辈子做过最正确的决定就是嫁给爱情。

他们在离洁公司不远的地方租了一间小小的公寓，就要花掉半个月的工资，生活过得很拮据。为了多赚钱，苏明选择了外派到南美工作，每年可以多30万的收入；洁也在工作之余接了一些兼职，还办了一个线上培训课程。两个人工作都很忙，但是每一天都特别充实特别有动力，相隔半个地球，微信随时在线聊天，晚上煲电话粥到很晚。

洁告诉我，选择和谁一起过日子，还真的不一样。嫁给爱情，虽然生活中也会出现各种各样的问题，冷不防跳出来各种小怪兽，可是你就是很有动力、有勇气去面对和解决它们，冲过了一个个难关之后，两个人会更加亲密。

那些被爱情滋养的姑娘，确实有一种柔软的、幸福的光芒，日子过得好不好，全部写在一个人的脸上和举手投足之间，是无法掩饰的。

结婚三年之后，苏明和洁攒够了一套两居室的首付，在北京买了房子。搬好家的那一天，洁站在落地窗边，看着窗外灯火阑珊，车水马龙，觉得此生无憾。哪怕明日山河破碎，有良人为伴，也可随他浪迹天涯。

是的，重要的是无论贫穷富有，健康还是疾病，顺境或者逆境，有你在身边才是最大的幸运。嫁给爱情，意味着，这一生从此携手一起经历，互相扶持，也彼此分担。就像舒婷在《致橡树》一诗里写的："我必须是你近旁的一株木棉，作为树的形象和你站在一起……我们分担寒潮、风雷、霹雳；我们共享雾霭流岚、虹霓。"

我和吕同学结婚的时候，也没有房子，很多人委婉地跟我说，"看来你真是看上了他这个人"。婚礼之后，我的一位邻居姐姐，拉着我的手谈了很久的心。她说她的婚姻有遗憾，就是因为当年为了一套房子一个户口，放弃了喜欢的那个男生。可是现在回过头来看看，一套房子算什么呢？人在年轻的时候，由于视野格局的限制，往往看得不够深不够远，很多困难明明只是一个小土丘，在当年的眼里，却像一座高山一样无法逾越。

原来她大学的时候谈了一个男朋友，到了谈婚论嫁的程度，父母觉得男生的家境不好，又是外地人，没有物质基础，买不起房子和车，将来还要接他父母来城里养老，担心女儿嫁给这样的男生太辛苦。

那位姐姐后来嫁给了父母为她挑选的丈夫，两家是至交，知根知底，门当户对，他们看起来也很般配。可是结婚多年，她始终觉得婚姻寡淡，他是个尽职尽责的丈夫和父亲，可是她总觉得心里有一块是空缺的。

有些遗憾，是再多的物质也无法弥补。那位姐姐还告诉我，面对人生重大选择的时候，一定要遵从内心而不是理性。因为你的头脑会欺骗你，用一些所谓的规则，所谓的权衡，蒙蔽你真正的感受。只有你的心不会骗你，当你违背了自己的心愿，会有很多时候，那些最真实而鲜活的感觉，会跳出来想要报复当初那个懦弱的自己。

人的一生会经历很多事，和父母分离，和另一人建立家庭，把子女养大再目送他们离开。生命是一出出的折子戏，也许惊喜连连，也许充满委屈和泪水。如果和你携手走一走人生路的那个人你们彼此相爱和懂得，那么所有的悲欢都有了滋味，吃苦也是一种幸福。相爱的两个人，用自己的双手踏踏实实建立起来的生活，才是最美好的。

　　一直很喜欢几米的漫画，想起他曾经说过这样的话："婚姻不是实际的利益，而是一个人在你生命里的含义。"希望所有姑娘结婚的理由，不是因为年龄到了，不是因为那个人条件还不错，而是因为你爱他，你们不愿分离，所以用婚姻承诺永远在一起。

　　法国作家杜拉斯说："爱情不是一粥一饭，而是疲惫生活中的英雄梦想。"而我想说，爱情是一种信仰，是我们最不该妥协的一件事。

　　愿所有姑娘，都嫁给爱情。

我们终究会牵手旅行

有一年坐火车，遇到一对盲人夫妇。整个旅途 30 个小时的硬卧，两人的手始终牵在一起。

有点泪湿。

想到一个朋友的分手，她说："我们连一起旅行，都没有过。"

年少的时候，我和她一样向往"马上游侠，遍地狂沙"的流浪生活，渴望像三毛那样万水千山走遍，也羡慕香奈儿女士一生住在酒店里。念书的时候趁寒暑假去打工，赚的钱小心翼翼地换成车票，梦想着去很远很远的地方，忘掉身份与过往。

只有旅行的时候，一颗心才是活泼和明亮的。

大学毕业那年，一个人去了趟乌镇。从南京坐火车到杭州，再从杭州转乘大巴车。那是 9 月份，因为台风，杭州站的客运大厅里，广播着大巴车停运的通知。我一个人背着简单的行李，捏着一张皱巴巴的车票，紧张地听着广播。还好要乘的那趟车正常运行，我的心情立刻变得肃穆起来，因为这一程像个仪式一般，只为了追寻黄磊和刘若英在《似水年华》里给我的感动。

当年乌镇只有一家官方的宾馆，其他都是民宿客栈。我没有拗得过三轮车夫的热情，改变主意入住了他推荐的民宿。清晨6点钟，三轮车来客栈接我，带我逃票去逛《似水年华》拍摄地东栅，那天下着淅淅沥沥的小雨，景区空无一人。在逢源双桥，想起文和英的爱情，仍然是唏嘘和感动。

我的一个朋友也很喜欢独自旅行。每到假期，她背上登山包，穿上冲锋衣就出发了。有一年，在藏区，住在陌生的藏民家里，收获了很多来自陌生人的感动。从拉萨回北京的火车上，她认识了后来的老公，男生也喜欢旅行，后来他们终于可以牵手一起旅行。

朋友讲给我听的时候，我记得这样的细节：在拉萨的最后一天，男生去买了一条手链。卖手链的藏族大娘笑着问他，送给谁的？他说，送给未来的女朋友。那一年他快30岁了，依然在等那个百分百的女孩。几个小时之后，他就在火车上认识了我的朋友，他后来的妻子。

一个人旅行的时候，孤独像野草般肆意生长，孤单和寂寥几乎将一个人击溃；但是也会遇到很多意外的惊喜，和在旅途上才能听到的故事。

研究生毕业那年，我去走了一趟丝绸之路，不知在哪一站的青年旅舍，认识了杨静，后来成了重要的朋友。有一年在成都，在某个青年旅舍和一群驴友约着去唱歌，其中年纪最大的一位老

你走的弯路
每一步都算数

爷爷，已经 80 岁了，他仍然独自一人出来旅行，和我们一群 20 多岁的孩子疯玩到半夜。还有一个男生，因为擅自辞职，被父母关了禁闭，他从二楼的阁楼跳下来，背个背包就开始了半个中国的流浪。

在敦煌，我认识了一个神奇女生，她曾经做着我梦想的记者工作，采访过《暗恋桃花源》的赖声川，和《海上传奇》的贾樟柯。我问她为什么辞职出来旅行，她说："我已经工作 7 年了，我必须出来旅行。"后来旅行结束她去了德国学画画。

如果说一个人旅行有什么迷人之处，我觉得那就是完完全全和自己待在一起，抛却一切人际关系和社会赋予我们的身份定义。

旅行的意义，不在于你看到了怎样的美景，吃到了多少美妙的食物，而是一次内心深处的远游，一次呼吸和独处。失意的时候，一个人出去走走，会看到这世界辽阔，人生不会没有出口。

好几年前，我有个朋友失恋，她一个人去了南半球旅行，在某个萤火虫飞舞的湖边，痛痛快快哭了一场。哭过之后，她释然了，说："还有那么多地方没有去过，最好的风景依旧在远处。"

我最难忘的一次旅行，是去四川眉山寻找苏轼，那是四年前的事了。一个秋天，我在成都开会，处理完公务，同事们都相约去九寨沟，问我去不去，我说我要去看苏轼。

买了一张车票，我就去眉山了，这趟孤独的旅程，因为一千年前的那个人，变得庄重又充满意义。

在眉山的书店买了本《苏轼词集》和眉山人刘小川写的《苏东坡》，请收银员姑娘帮我盖了书店的章。然后在阳光下漫步到三苏祠。那条路很是古朴幽静，有黄包车叮叮当当的铃声，仿佛从遥远的千年前传来。

午后的阳光暖暖地倾泻下来，院子里，到处是葱绿的古树。我踏着狭窄的石板路漫步，想着当年三苏在这里吟诗作赋，想着小轩窗正梳妆的王弗嫣然一笑，那是怎样的日子啊。

当年苏轼的爷爷挖的井，如今还在，就在小轩窗外，井水依然清澈。还有木假山堂，那座苏洵最爱的，并写出得意之作《木假山记》的木假山，透着岁月的沧桑。站在木假山前，仿佛感受到苏子瞻先生置身事外的超脱。颠沛流离的官宦生涯，他在困境中依然保持了内心的自由和高贵……

一个人旅行的时候，很喜欢听许飞的那首《我们终将会牵手旅行》，会期盼着有一天，可以遇见牵手旅行的那个人。后来，我真的遇到了那个人，旅行的时候不再孤单。

在一起的那个春天，他开车带我去承德，旅行时光变得格外柔软，我变得容易感动，为这春光，也为这相守。出门在外，他会始终牵着我的手。踏过一级级台阶，寻找那些属于我们的感动。

累了的时候，就随便找个石阶，坐下来，吃点零食，聊聊天。我们两个仿佛永远有说不完的话，关于人生理想，关于人间烟火。

我始终觉得，最好的关系就是这样，互相理解，互相支持着一路走下去；一起孝敬父母，生儿育女，顺便实现自己的人生理想。我不在意你赚多少钱，送不送我名牌包，我更欣慰的是你的懂得，以及支持我去做真正想做的事。你也不在意我是否为你洗衣煮饭，我更愿意让自己变得强大，在你失意的时候给你最有力的支撑。

一个人旅行，时光是流动的；和另一个人一起，一切是凝固的，不畏惧老去的。和他在一起的时候，我既成熟又天真，既柔软又充满了力量。

我说，去找那面墙吧，那面开满迎春花的墙。他带着我绕了两圈，终于又见到那个游人如织的地方。我跑下台阶，旁边是风拍打竹林的吟啸，他又给我拍了张照片，好似在无人之境。

第二个春天，我们去秦皇岛故地重游。

清晨 4 点就出发了，我担心他开车会困，就一直在旁边和他说话；清晨 4 点钟的天是黑的，路上几乎没有车，高速路全线免费通行。我们把音乐的声音调得很高，好像要去探险，又像捡了便宜一般哈哈大笑着的傻瓜。

在高速上飞奔的时候，又下起了雨，天还没有亮，雨点迎面打在车窗上，夜色像是融化了。到达北戴河的时候不过早上 8 点钟，我们定的家庭旅馆就在海边。

房间里是潮湿的海洋的味道。旅馆的二楼出来是个很大的露台，穿过露台走到一条小路上，我们买了几串烤鱿鱼边走边吃，步行几分钟就走到了海边。

戴着头巾的大姐吆喝着生意，问我们坐不坐船出海。我没有理她，径直走到沙滩上拍照。大姐和他攀谈起来，最终说服了我们去坐她的渔船；同行的还有几个 20 岁左右的男孩子和一个独自出来旅行的姑娘。

我们七八个人挤在破旧不堪的面包车里，一路颠簸到了码头。码头接应的是另一个大姐，也戴着头巾，海风吹黑了她的脸。等待渔船的半个小时里，她总是遥望着大海的远处，告诉我们，虽然每天都待在海边，可是却怎么也看不够这海。

海风还是有点冷，坐上船的时候，他帮我裹紧了大衣的领子，扣好扣子。我看着船向大海的深处行驶，其实心里有点害怕，呆呆地望着甲板。他不时地提醒我看风景，看海浪，没有发觉我的害怕。快要返航的时候，他忽然说，想起了李安的电影《少年派的奇幻漂流》，他说一个人在那样茫茫无边的大海上漂流，该是多么孤独。

这也是我的感受。我喜欢海的辽阔，也同样畏惧它的无边。

我曾经那么孤独，如今真的有了依傍，我总想，何德何能，拥有这样的理想人生。

我更喜欢沿着滨海大道开车的感觉。路的一边是花，一边是海，没有红绿灯；4月的阳光温暖地倾泻下来，身边是爱的人。

傍晚他带我去燕山大学散步。十几年前在这里地质实习的时候，我很喜欢在大学里散步，那时候是夏天，校园里开满了凤凰花。没有想到十几年后的今天，会和爱人牵着手在这里故地重游。

生命真的好似一场奇遇呢，而我们终究会遇到一个人，可以牵手旅行。谢谢你，让这所有期待，梦想成真。